BEAUTÉS
ET
MERVEILLES
DE LA NATURE ET DES ARTS

PAR ÉLIÇAGARAY.

3e Édition.

A PARIS
CHEZ PHILIPPART, LIBRAIRE,
RUE DAUPHINE, 24,
ET CHEZ TOUS LES LIBRAIRES
DE LA FRANCE.

LES

BEAUTÉS ET MERVEILLES

DE LA NATURE ET DES ARTS.

A.

ABEILLES. Tout le monde sait que les abeilles vivent en commun dans une ruche sous la direction de l'une d'elles qu'on nomme *reine*, chargée non-seulement de la police de la ruche et de la surveillance des travaux, mais surtout de donner des générations nouvelles, de produire de nouveaux essaims; quoique femelle unique dans la ruche, sa fécondité est telle qu'elle engendre à elle seule, avec l'aide d'environ 1,000 bourdons ou mâles, les 12 à 15,000 mouches dont se compose un essaim. Il existe une telle haine entre les femelles d'abeilles que, s'il vient à s'en rencontrer deux dans une ruche, elles se battent jusqu'à la mort aussitôt qu'elles sont nées, et la victorieuse est reconnue reine. Quant aux abeilles proprement dites, elles n'ont pas de sexe. L'activité, le zèle, l'ordre qui règnent parmi elles sont trop proverbialement connus pour que nous insistions longuement ici sur leur merveilleuse police. Qu'il nous suffise d'en rappeler les principales dispositions. Aux approches du printemps, les abeilles commencent à nettoyer leurs ruches. Elles emportent les couvains ou produits avortés et les mouches mortes; elles nettoient les gâteaux de leur pourriture, qu'elles transportent hors de la ruche; elles réparent les dégâts survenus, bouchent les crevasses et remettent tout en état. L'amour du travail est si grand chez elles que toutes sont occupées, et que les mouches qui ne le sont pas, c'est-à-dire les bourdons, qui consomment sans travailler, sont tués par les ouvrières à la fin de l'été, afin que pendant l'hiver ils ne soient pas à charge à la société. Les ouvrières valides ne se reposent que la nuit et pendant le mauvais temps; celles dont les forces sont épuisées par l'âge se retirent et vont mourir hors de la ruche. Les unes vont aux champs pour butiner et réparer les pertes de l'hiver; les autres sont occupées à attacher les rayons, à goudronner la ruche. D'autres ont pour tâche de repousser les guêpes, les frelons et les insectes nuisibles. Quelques-unes n'ont d'autre occupation que d'accompagner la reine pour lui prodiguer leurs soins et leurs caresses. En un mot, toutes travaillent, toutes se rendent utiles à la communauté, et la plus grande union règne constamment parmi elles.—Pendant les fraîcheurs du printemps et de l'automne, elles ne sortent pas avant le lever du soleil, et elles rentrent avant son coucher. En tout temps, avant d'aller aux champs, les trois ou quatre premières mouches qui sortent consultent le temps avant d'inviter leurs compagnes à les suivre. S'il est mauvais, elles rentrent, et la journée est consacrée pour toutes au travail intérieur. L'époque de la grande mortalité des abeilles est l'automne. La durée moyenne de leur existence ne va guère au delà de deux années.—On ne peut se figurer de combien d'amour les abeilles ouvrières entourent leur reine. Au premier danger, et dès que la ruche est attaquée, elles se pressent autour d'elle pour la défendre. Lorsqu'on vient à fouiller la ruche, elles cachent leur reine sous leurs ailes et la placent au centre d'une sorte de bataillon sacré qui meurt en la défendant.—Réaumur, qui a fait de si patientes et si curieuses études sur les abeilles, raconte le fait suivant dont il fut témoin lui-même : Une reine se noie dans un ruisseau avec quelques travailleuses de sa suite; Réaumur les retire de l'eau aux trois quarts asphyxiées et les expose à une douce chaleur, qui progressivement les ranime, la reine seule exceptée, qui donne à peine quelques signes d'existence. Toutes les abeilles, ranimées à peine, s'empressent alors autour d'elle, la lèchent, la frictionnent, lui prodiguent enfin tous les secours dont leur admirable instinct les rend capables, et quand la reine, ressuscitée enfin, a recouvré assez de force pour marcher, elles font résonner alors un bourdonnement que Réaumur n'hésite pas à reconnaître pour un chant d'allégresse et de bonheur.

ABBAYE. Celle de Westminster à Londres est le Panthéon de l'Angleterre. A côté des rois figurent avec l'égalité de la tombe et de l'illustration les grands hommes de la Grande-Bretagne. Le monument de Newton y occupe une des places les plus distinguées, ainsi que les statues des comédiens Garrick et John Kemble, et tout récemment, en 1849, on y a placé la statue en marbre de la célèbre tragédienne anglaise, mistress Siddons.

AÉROLITHES ou ASTÉROIDES. L'origine des aérolithes se lie intimement à l'étude de la Lune. On les a crus pendant longtemps des projections de volcans lunaires. On les a regardés comme de véritables météores se formant par voie d'agrégation dans l'atmosphère. Aujourd'hui on s'accorde généralement, avec Chladni, à les regarder comme de petites planètes, des astéroïdes, qui, circulant dans l'espace, rencontrent l'atmosphère terrestre, y pénètrent et viennent tomber sur la terre, après l'avoir traversée avec une vitesse telle qu'elle produit ces traînées lumineuses dont elles sont presque toujours accompagnées. La vitesse apparente de ces météores a été quelquefois de 36 milles ou 12 lieues par seconde; c'est près du double de la vitesse de translation de la Terre autour du Soleil. Les apparitions d'étoiles *filantes*, de *pierres météoriques*, d'*aérolithes*, en un mot, sont très-fréquentes, et le phénomène de leur chute est on ne peut plus remarquable. En 1802, il en tomba à Ensisheim (Haut-Rhin) plus de 4,000, et à l'Aigle (Orne), le 26 avril 1803, plus de 300.—Dans la nuit du 12 au 13 novembre 1833, ces météores se succédèrent à de si courts intervalles qu'il n'eût pas été possible de les compter. Ils ressemblaient pour la multiplicité à la moitié du nombre des flocons qu'on aperçoit dans l'air pendant une averse ordinaire de neige. Une pluie d'étoiles filantes, analogue à celle qui vient d'être décrite, avait été observée déjà en 1832 en Arabie et en Europe. Une des pierres tombées à l'Aigle pesait 17 liv. (8 kilog. 32), et une masse qui existe dans la province de Bahia, au Brésil, pèse 14,000 (6,300 k.). Les frères Moraves, au Groënland, et M. de Humboldt, en Amérique, ont fait des observations analogues. De toutes les hypothèses, plus ou moins spécieuses, qui ont été formulées sur les causes et sur la nature des aérolithes, la plus vraisemblable aujourd'hui est, comme nous l'avons dit au commencement, celle qui les considère comme des millions d'astéroïdes qui sont en mouvement dans l'espace et qui, rencontrant l'atmosphère terrestre, y pénètrent et tombent sur la terre.

AÉROSTATS. La suspension des nuages flottant dans les airs au-dessus de sa tête et l'ascension de la fumée ont donné l'idée à Montgolfier de faire entrer l'art en rivalité avec la nature : il imagina donc les aérostats, bien qu'avant lui, et jusque dans la nuit des siècles, les fables de Dédale, d'Icare et de Phaéton témoignent d'essais analogues, mais avortés, qu'auraient tentés dans la même voie les peuples de l'antiquité. A l'air raréfié que Montgolfier avait employé le physicien Charles substitua le gaz hydrogène. Pilastre du Rosier enfin osa, le 15 novembre 1783, suspendre au ballon une nacelle d'osier, et tenta ainsi la première navigation de l'air. La route ainsi tracée, de hardis aventuriers l'y suivirent, et les Blanchard, les Garnerin, Graham, Robertson, Gay-Lussac, Arban et Green, ont prouvé que, sans l'imprudence ou la négligence des aéronautes, les voyages aériens n'offriraient pas plus de dangers peut-être que les longues pérégrinations terrestres et les circumnavigations de l'Océan.

AIMANTS. On donne le nom d'*aimants naturels* à certains minerais qui ont la propriété d'attirer le fer : en général ce sont des oxydes de fer.—Les aimants agissent sur les courants, comme les courants sur les aimants, car la réaction est toujours égale à l'action. La terre, qui est un aimant, agit sur un aimant mobile suspendu dans un plan horizontal.—L'aiguille aimantée, dirigeant dans le plan du méridien magnétique son pôle austral vers le nord et son pôle boréal vers le sud, a donné naissance à la boussole. (V. les mots *Aimant* et *Boussole*, dans notre *Dictionnaire des découvertes et Inventions*, dans la BIBLIOTHÈQUE POUR TOUT LE MONDE.)

AIR. Dans l'opinion des anciens l'air était un élément impossible à décomposer. Ils le considéraient comme une émanation vivante de la divinité, et distinguaient l'*air mâle* ou *actif*, qu'ils adoraient sous le nom de Jupiter (c'était celui des hautes régions, l'*éther*) ;—et l'*air femelle* ou *passif*, celui qui nous environne, représenté par Junon. La science nous démontre aujourd'hui que l'air est parfaitement décomposable et se forme, sur 100 parties, de 21 de gaz oxygène, d'à peu près 79 de gaz azote et d'un millième environ de gaz acide carbonique. Mais ces quantités, qui sont celles de l'air respirable, se modifient par l'agrégation des émanations de tous genres, des détritus pulvisculaires, et surtout des vapeurs terrestres qui, se mêlant à l'atmosphère, rendent l'air plus ou moins propre aux conditions exigées par les organes respiratoires. C'est Lavoisier qui, en 1782, découvrit et détermina les véritables éléments constitutifs de l'air. L'air atmosphérique, au milieu duquel notre planète circule, qui nous paraît bleu à une grande distance et quand le ciel est pur, l'air est une substance fluide, invisible de près et par petites masses, inodore, insipide, pesante, compressible et d'une singulière élasticité. Il est indispensable à la vie des hommes, des animaux et même des végétaux, sur lesquels il exerce une active influence; l'économie domestique, l'industrie et les arts ont approprié l'air à des usages sans nombre et sous les formes les plus variées.

AMIANTE. Ce minéral, dont les filaments déliés, flexibles et élastiques, ressemblent au lin et à la soie, a la propriété singulière de l'incombustibilité. Les Grecs et les Romains s'en servaient pour nappes et serviettes, qu'on ne blanchissait pas autrement qu'en les passant à travers le feu, dont la flamme détruisait toutes les impuretés. Toutes les variétés d'amiante peuvent se tisser, mais la plus facile est la variété nommée *asbeste flexible*. On fabrique aussi du papier d'amiante, en substituant cette matière aux chiffons; on en fait aussi des mèches incombustibles, que l'on purifie également à travers le feu.

AQUEDUCS. Comme remarquables modèles de ces gigantesques travaux que les Romains édifiaient pour conduire les sources d'eau dans les villes, on cite surtout le grand aqueduc que l'empereur Trajan fit construire à Sagonte (aujourd'hui Ségovie) en Espagne, formé de deux rangs d'arcades en pierres de taille superposées sans ciment; et le pont du Gard, à deux lieues de Nîmes, construit en énormes pierres de taille qui présentent l'aspect imposant de trois rangs d'arcades superposées.—Le plus beau des aqueducs modernes est celui de Marly-le-Roi : il a 36 arcades et 660 mètres de longueur; une machine à vapeur, construite sur la rive gauche de la Seine, lance dans les tuyaux de l'aqueduc les eaux qui doivent franchir la montagne et alimenter les magnifiques pièces d'eau de Versailles. Il a remplacé la célèbre machine de Marly.

ARBRES. Sur l'autorité très contestable de Pline le naturaliste et de quelques voyageurs modernes, on prétend qu'il existe sous les eaux de la mer Rouge, près des îles Maldives et dans l'Océan, des forêts, des arbres en pleine végétation et couverts de feuilles, de fleurs et de fruits. Avant d'accueillir cette singulière relation, nous attendrons des documents plus authentiques. — Le baobab, arbre particulier à l'Afrique, atteint jusqu'à 90 pieds de circonférence. Les habitants du pays se nourrissent de son fruit et même de ses feuilles ; les cavités qui s'y forment peuvent contenir assez d'eau pour désaltérer, pendant une journée, plusieurs milliers d'hommes. Voilà pour la nature; voici maintenant pour l'art :—On a parl longtemps d'un arbre d'or, chef-d'œuvre de mécanique, dans les branches duquel gazouillaient et chantaient des oiseaux artificiels avec toute la perfection des rossignols.—L'arbre de *Diane* est une espèce de végétation brillante qui est obtenue en mettant du mercure dans de l'azotate d'argent; il se forme alors de l'azotate de mercure, et l'argent séparé cristallise irrégulièrement et forme l'arbre. — L'arbre de *Saturne* s'obtient en précipitant, par le zinc, le plomb de l'acétate de plomb.

ARC DE TRIOMPHE (de l'Etoile). Ce fut en 1806 que l'empereur Napoléon en fit jeter les fondements. Il est supérieur à celui de Titus à Rome, et c'est le plus colossal de tous ceux qui aient été construits jusqu'à ce jour. Il est en pierre dure de Château-Landon. Il a 49 mètres 483 millimètres de hauteur, 44 mètres 820 millimètres de largeur, 22 mètres 210 millimètres d'épaisseur, et il est l'œuvre successive des architectes Chalgrin, Goust, Fontaine, Debret, Gisors, Labarre, Huyot et Blouet.

ARC-EN-CIEL. C'est Newton qui, en décomposant la lumière et en isolant, pour ainsi dire, les sept couleurs (violet, indigo, bleu, vert, jaune, orangé, rouge) qui la forment par leur mélange, est parvenu à démontrer les causes et les effets de l'arc-en-ciel. La division des rayons solaires en sept couleurs, qu'on voit constamment rangées de la même manière, vient du plus ou moins de réfrangibilité des couleurs, c'est-à-dire de la facilité plus ou moins grande qu'elles ont de se réfracter.—On produit une espèce d'arc-en-ciel en tournant le dos au soleil et en jetant en l'air un verre d'eau. Ce phénomène se voit aussi au sommet des jets d'eau, sur les cascades que le soleil éclaire, et sur les brins d'herbe d'une prairie dans toute son étendue après une ondée.

ARTS. Pour prouver par quels moyens le génie de l'homme et sa persévérance (la persévérance seule est souvent le génie) peuvent réaliser ces merveilles des arts dont la nature elle-même doit quelquefois s'étonner, on ne peut citer aux descendants un plus noble exemple artistique que celui de cet ancêtre illustre qu'on appelle Bernard Palissy. Le hasard ayant fait tomber entre ses mains une coupe émaillée d'une grande beauté, Palissy vint à penser que s'il parvenait à découvrir le secret de l'émail qui la recouvrait, il pourrait élever l'art de la poterie à un degré de perfection inconnu. Il faut lire le récit intéressant et naïf qu'il fait lui-même des longues expériences, des efforts persévérants auxquels il se livra avant de réussir. A chaque difficulté, il imagine de nouvelles ressources. Il construit lui-même ses fourneaux; il pulvérise, il broie, il mélange les matières; il les soumet à toutes les épreuves, à tous les degrés de cuisson, il va réussir... Mais un revers, le plus grand de tous, le menace. Il s'aperçoit que le bois va lui manquer; il n'hésite pas; il commence par brûler les étais qui soutiennent les treilles de son jardin, puis il jette dans la fournaise ses tables, ses meubles et jusqu'aux planchers de la maison. L'artiste était ruiné mais il avait réussi!.... Heureusement la faveur ne résista pas à un trait si sublime, elle vint le chercher. Palissy fut nommé potier du roi Charles IX et de Catherine de Médicis, et il put s'abandonner à ses goûts, à ses études, aux inspirations de son génie.

ATTRACTION (universelle). Les lois de Kepler venaient de découvrir les rapports merveilleux des mouvements célestes, mais il fallait rechercher les causes qui président à ces mouvements: cette découverte était réservée au génie de Newton. Il y fut conduit en méditant sur la cause qui venait de faire tomber une pomme à ses pieds, cause dont il eut l'idée lumineuse d'étendre la sphère d'activité jusqu'aux astres. De ses calculs il déduisit ces trois conséquences :—Que la force qui sollicite les planètes est dirigée vers le centre du soleil;—Que la force qui anime les astres est en raison inverse des causes de la distance de leur centre à celui du soleil;—Que la force est proportionnelle à la masse: et il en résulta pour lui et pour tout le monde savant après lui cette conclusion que le soleil est le centre d'une puissance attractive qui agit en vertu des lois qui précèdent. Tous les corps qui tournent autour du Soleil sont, comme lui, doués de la puissance de l'attraction. Et ce grand principe est si exact qu'il n'y a point de perturbation, point d'écarts, quelque légers qu'ils puissent être, dont il ne rende compte avec la plus rigoureuse précision. Les astronomes y ont une foi si entière que, quand les observations ne s'accordent pas avec les résultats du calcul, ils aiment mieux croire que l'erreur tient à l'oubli de quelque circonstance, ce qui du reste se confirme toujours, que d'insulter par le moindre doute à la doctrine sainte de l'attraction et au génie du grand homme qui l'a découverte.

AURORES BORÉALES. On appelle ainsi une nuée blanche et lumineuse qui, dans les nuits du Nord, fait croire à la renaissance prématurée de la clarté du jour. Cette clarté serait due à l'électricité, ce qu'indiquent son influence sur l'aiguille aimantée, le bruissement qui accompagne les étincelles, etc. Sur les flots ruissellent des gerbes scintillantes, et quelquefois comme l'eau, le ciel lui-même resplendit de feux magnétiques.

AUTOMATES. Parmi les plus étonnantes merveilles dues au génie de l'art en général et à celui de la mécanique en particulier, il faut donner une place distinguée aux automates.—Les plus renommés, apocryphes ou réels, dans l'antiquité, le moyen âge et les temps modernes sont : l'*aigle*, tout en fer, qui vola l'espace de 500 pas autour de l'empereur Frédéric, ouvrage de Jean Muller de Kœnigsberg ;—l'*aigle* blanc artificiel, qui ne cessa de battre des ailes au-dessus de la tête de Henri III, à son entrée à Cracovie, lorsqu'il vint prendre possession de son royaume passager de Pologne ;—L'*âne* que Vaucanson imagina à Lyon et qui exécutait une étoffe à fleurs ;—l'*araignée* de cuivre qu'avait faite un horloger avec des ressorts d'une ténuité, d'une délicatesse et pourtant d'une perfection telle, qu'elle courait sur une toile avec toutes les apparences et tous les mouvements de la vie ;—le *canard* si fameux de Vaucanson, que, de nos jours, on a retrouvé démonté dans un grenier d'Allemagne, qui a été restitué et que l'on a exhibé de nouveau à Paris, il y a trois ou quatre ans, barbottant, battant des ailes, avalant le grain et le digérant, comme Vaucanson l'avait exhibé lui-même ;—le *chariot d'argent*, chargé d'hommes et de femmes, exécuté par un orfévre, et qui était mis en mouvement et marchait par les efforts que faisait pour voler une mouche qu'en guise de cocher il avait par les pattes attachée sur le siége avec de la cire ;—le *joueur d'échecs* du conseiller autrichien Kempelen, un des plus grands chefs-d'œuvre de mécanique ;—le *joueur de flûte*, encore de Vaucanson ;—la *mouche*, autre ouvrage de Jean Muller, de Kœnigsberg, exécutée tout en fer, qui volait tout autour de sa chambre et qui revenait se poser sur sa main ;—le *piano* de l'Italien Fabris, qui copiait une sonate en même temps qu'elle était jouée ;—le *pigeon volant*, en bois, d'Archytas de Tarente, inventé l'an 408 avant notre ère ;—la *puce* qu'un orfévre avait attachée vivante à une chaîne d'or composée de 50 anneaux, dont le poids allait à peine jusqu'à 3 grains ; —et cette *tête* *d'airain*, de l'évêque de Ratisbonne, qui articulait des sons ;— enfin tous ces chefs-d'œuvre dont la perfection, comme nous l'avons dit dans notre *Dictionnaire des Découvertes*, ne semble plus être qu'un jeu pour la mécanique moderne.

B.

BOUSSOLE. La boussole consiste dans une petite boite qui renferme une aiguille aimantée tournant librement sur un pivot vertical, dont la pointe supérieure est reçue dans un petit trou pratiqué au milieu de la longueur de l'aiguille et à son centre de gravité, afin qu'elle puisse se maintenir dans une position horizontale. La pointe de l'aiguille est constamment tournée vers le nord, sauf la déclinaison à l'est ou à l'ouest, dont les navigateurs savent tenir compte. (V. pour l'époque et pour l'auteur de son invention notre *Dictionnaire des Découvertes*, dans la BIBLIOTHÈQUE POUR TOUT LE MONDE.)

C.

CANAL. Le plus remarquable, le plus gigantesque de nos canaux, comme chef-d'œuvre d'art, est le canal du Midi ou du Languedoc, qui joint la Méditerranée à l'Océan. Des écluses y élèvent le voyageur jusque sur le dos des collines à plus de 100 toises au-dessus du niveau de la mer, et des navires y traversent des montagnes que la main de l'homme a audacieusement percées. Il fut construit sous Louis XIV, on y travailla pendant quinze ans, et sa longueur est de 40 lieues. — La canalisation artificielle de la France comprend aujourd'hui dix-neuf grandes lignes de navigation et onze lignes secondaires. Tout le réseau de canalisation embrasse un chiffre total de 2,796 kilomètres (700 lieues carrées), qui ont coûté 221 millions.

CATARACTES et **CASCADES**. Sans parler des fameuses cataractes du Nil, que l'expédition de Bonaparte en Égypte a réduites à de bien médiocres proportions, nous citerons en passant l'un des bassins du lac Lean, en Irlande, appelé dans le pays *le bol à punch du diable*, parce qu'avec une forme pareille à celle d'un bol à punch il est d'une profondeur incommensurable et avoisine un autre bassin où se fait remarquer la cascade d'O'Sullivan, dont l'eau en tombant forme une espèce d'arche de 70 pieds de haut. La plus renommée des cascades, des chutes ou des cataractes connues est la triple cataracte du Niagara : ce n'est rien moins que la majesté d'un grand fleuve qui se précipite du haut d'un rocher avec un bruit égal à celui du tonnerre et en faisant jaillir et étinceler dans les airs des flots d'écume qui retombent en pluie. La largeur totale du saut du Niagara est estimée d'environ 660 toises.

CATHÉDRALES. Les plus merveilleuses de l'univers chrétien sont d'abord : *Saint-Pierre de Rome*, qui contiendrait dans sa vaste enceinte plusieurs églises comme les nôtres, et dont la coupole est considérée comme le plus surprenant ouvrage de l'architecture moderne. L'idée originale et première de son plan est due au célèbre Bramante, et il fut en partie exécuté par un artiste plus célèbre encore, par Michel-Ange. — La *cathédrale de Milan* est considérée, après Saint-Pierre, comme la plus noble du monde catholique; elle est ornée de plus de cent aiguilles de marbre, travaillées et découpées à jour, de plus de quatre mille statues en marbre blanc et de superbes colonnes en granit. —La *cathédrale de Cordoue* est l'une des plus belles, si ce n'est la plus belle des églises, mais en tout cas la plus singulière : c'est une mosquée du VIIIe siècle convertie en église en 1236. Dix-neuf nefs formées par neuf cent soixante colonnes de marbre, de jaspe, de porphyre, partagent ce temple chrétien, dans lequel on entre par dix-sept portes magnifiques. Les planchers sont en bois rares et odoriférants, enrichis d'or et divisés en arceaux travaillés à jour avec une délicatesse inexprimable; un dôme élégant surmonte le chœur, et devant l'église est une cour entourée de portiques de marbre blanc et plantée d'orangers, de citronniers et de cyprès que des fontaines et des jets d'eau arrosent et rafraîchissent sans fin.—Viennent ensuite les *cathédrales de Tolède* et *de Séville*, Séville, dont un proverbe espagnol a dit «Qui n'a pas vu Séville n'a pas vu de merveille. » — La *cathédrale de Reims*, le chef-d'œuvre de l'architecture gothique en France, et appelée *le Parthénon des monuments gothiques*; —Celle de Notre-Dame de Paris, que tout le monde connait, et que personne ne peut plus décrire après Victor Hugo; —Celle de *Saint-Paul* de Londres, œuvre de Wren, qui la commença en 1670, la termina en 1725, et la fit digne de l'admiration des siècles à venir; —celle de *Cologne* enfin, commencée avec les souscriptions de toute l'Allemagne, suspendue, continuée, suspendue encore, et qui, si elle ne semblait destinée à rester éternellement inachevée, serait peut-être, sans en excepter Saint-Pierre de Rome et la cathédrale de Cordoue, le plus vaste monument de l'univers.

CAVERNES. Ce qui confond l'imagination dans les excavations de la caverne sacrée d'Elephanta, île à 2 lieues de Bombay, c'est qu'elles ont été creusées pouce à pouce dans la roche vive; ses quatre rangs de colonnes uniformes ont été taillés aussi dans le roc vif, et, placées à égales distances, elles forment trois avenues, au fond desquelles s'élève la grande idole tricéphale des Hindous, ou colosse à trois têtes, représentant la triade sacrée, composée du créateur *Brahma*, du conservateur *Vischnou* et du destructeur *Siva*. Non loin de l'idole est un géant appuyé sur un nain : il paraît être le gardien de la triple divinité, qu'il sépare d'une infinité de figures d'hommes et de femmes sculptées aussi dans le roc lui-même en bas ou en plein relief, au nombre de plusieurs milliers. Tout cet ensemble enfin ne peut être que l'œuvre d'un architecte cyclopéen. —On appelait *Latomies*, dans la Syracuse antique, de prodigieuses excavations qui servirent à la fois de prisons et de tombeaux.

CHAMBRE NOIRE. L'expérience de la *chambre noire* consiste à produire sur un écran l'image réduite d'un paysage ou d'un objet quelconque. Dans sa construction la plus simple, la chambre noire se compose d'une lentille convergente placée à l'ouverture d'un volet d'une chambre complétement fermée : si l'on place au foyer de la lentille un écran, on y voit l'image renversée, mais très-nette, des objets extérieurs. On peut recevoir les rayons sur un miroir plan incliné de 45°; ces rayons réfléchis par le miroir vont peindre l'image au plafond.

CHAUSSÉE DES GÉANTS. C'est dans le comté d'Antrim, en Irlande, que l'on voit ce merveilleux ouvrage de la nature, dont la disposition et la forme paraîtraient dues plutôt aux plus savantes combinaisons de l'art. Qu'on se figure plusieurs centaines de milliers de colonnes pentagonales debout et si bien appliquées les unes contre les autres, qu'on ne peut saisir entre elles le moindre interstice, bien qu'il soit très-facile de les distinguer : une particularité les rend plus extraordinaires encore, c'est qu'elles sont formées de tronçons de pierre s'emboitant parfaitement les uns dans les autres. La réunion de toutes ces colonnes, qui ont 20 pieds de hauteur au-dessus du rivage, forme une grande chaussée de 25 pieds de largeur qui s'étend dans la mer à une distance de 200 mètres.

CHEVAUX. Sous l'empire on a pu admirer à Paris, sur l'arc de triomphe du Carrousel, les quatre chevaux de Corinthe si renommés par leurs pèlerinages d'Athènes à Rome, à Constantinople, à Venise, à Paris, et dressés de nouveau aujourd'hui au-dessus du portail de la basilique Saint-Marc à Venise. On n'est pas d'accord sur l'origine de ce chef-d'œuvre de sculpture en bronze.

CHRONOMÈTRES. Les chronomètres, mot qui signifie en grec *mesureurs du temps*, appelés aussi *montres marines* et *garde-temps*, ressemblent aux montres ordinaires, avec cette différence qu'on les travaille avec un soin extrême et qu'ils sont munis de compensateurs de manière à conserver dans leur marche la plus grande régularité possible. Les pulsations d'un bon chronomètre doivent se succéder sans interruption, sans altération pendant le calme, la tempête, la nuit, le jour, à travers toutes les variations de température, et tenir, pour ainsi dire, un compte exact des mouvements du ciel et de la terre, en marquant toujours la situation exacte du navire dont le salut lui est confié, la distance qu'il a parcourue, celle qu'il a à parcourir. On cite, entre autres, ceux que le capitaine Ross emporta au pôle arctique, œuvres de Parkinson et de Frodsham, et qui, durant quatre hivers consécutifs (hivers du pôle! 54 degrés au-dessous de 0 de Réaumur!) ne marquèrent jamais plus de deux secondes d'erreur par jour. —Un bon chronomètre, en un mot, est une véritable merveille, un des plus surprenants chefs-d'œuvre de l'industrie humaine.

CIEL. La plus grande et la plus étonnante merveille de l'univers est sans contredit le ciel, depuis surtout que les Kepler, les Galilée, les Newton, les Laplace et les Herschel nous ont découvert et expliqué les admirables lois du mouvement, de l'attraction, de la pesanteur, et tous ces grands secrets de la mécanique céleste. (V. *Attraction universelle*, *Etoiles*, *Planètes*, *Soleil*.)

COLONNES. Les plus beaux monuments de ce genre sont la *colonne Trajane*, à Rome, et la *colonne Vendôme*, à Paris, qui est une copie de la première, mais dont la matière comme la pensée a une plus illustre origine; et la *colonne Alexandrine* à Saint-Pétersbourg.— La *colonne Alexandrine* est un monument majestueux qui, par sa matière et ses dimensions, rappelle les ouvrages de l'Egypte antique.—Le dessin de celle qui fut élevée à la gloire de l'empereur Trajan est l'œuvre de l'architecte grec Apollodore ; on la bâtit en blocs de marbre blanc, et les victoires de l'empereur étaient sculptées sur son fût en bas-reliefs contournés en spirale ; la statue de ce prince païen en couronnait le sommet ; on y a substitué depuis celle du prince des apôtres, saint Pierre.—La colonne Vendôme fut érigée, non à la gloire d'un seul homme, mais à la gloire collective des armées françaises, avec le bronze de 1,200 canons pris aux Autrichiens dans la campagne de 1805. La statue de Napoléon en fut jetée bas en 1814, aux applaudissements des ennemis de la France, puis fondue avec le métal destiné à la statue de Henri IV ; mais, quelques années après la révolution de 1830, le conquérant fut replacé sur ce monument de ses victoires.

COLOSSE. Le colosse de Rhodes, l'une des sept merveilles du monde, représentait un Apollon d'airain, de 110 pieds environ ou 60 coudées de hauteur, dont les pieds écartés, reposant chacun sur un des deux môles élevés à l'entrée du port, permettaient aux vaisseaux de passer à pleines voiles entre ses jambes. Cette œuvre, du sculpteur Charès, datait du IVe au IIIe siéle avant J.-C. ; mais un tremblement de terre l'ayant renversé, environ 80 ans après son érection, ses débris restèrent l'espace de plusieurs siècles gisant abandonnés sur le sol, et finirent par être vendus par les Arabes à un juif d'Edesse, qui en aurait trouvé de quoi fournir à la charge de 900 chameaux.

COLISÉE. On l'a surnommé à juste titre le géant des amphithéâtres romains. Il fut bâti par Titus, qui employa, dit-on, à le construire 12,000 juifs, dont il avait conquis et ruiné la patrie, et qui exécutèrent cette immense construction dans le court espace de deux ans et deux mois. L'édifice, dont le plan était ovale, avait 156 pieds d'élévation, un pied de plus que la tour de Saint-Jacques-la-Boucherie à Paris. — Il faut citer en ce genre en France les *arènes* de Nîmes, ouvrage également des Romains, dont il reste encore d'importantes ruines.

COMÈTES. On a cru pendant longtemps que les comètes étaient de simples météores. Ce sont des astres qui se reconnaissent non à leur forme, très-variée cependant, mais aux éléments de leurs orbites. Elles ne suivent pas la ligne droite, comme on l'a pensé d'abord, mais elles parcourent des ellipses très-allongées dont le soleil occupe l'un des foyers : ce sont des paraboles, tandis que les orbites des planètes sont des ellipses qui se rapprochent du cercle.—Une comète, mot qui signifie *étoile chevelue* (du grec κόμη, chevelure), a un point central plus ou moins lumineux et nommé *noyau*, qu'entoure une nébulosité appelée *chevelure* : la chevelure et le noyau réunis forment la *tête de la comète*, et les traînées lumineuses qui l'accompagnent ont reçu le nom de *queue*. Cependant quelques-unes n'ont pas de queue, d'autres n'ont pas de noyau apparent. Dans celles qui en ont un, les parties de la chevelure qui l'avoisinent sont ordinairement rares, diaphanes et peu lumineuses ; mais à une certaine distance du noyau, la nébulosité s'éclaire subitement et forme comme un anneau lumineux autour de la comète. L'anneau de la comète de 1811 avait 10,000 lieues d'épaisseur ; il était éloigné du noyau de 12,000 lieues ; les comètes de 1807 et de 1799 avaient aussi des anneaux de 12,000 et de 8,000 lieues d'épaisseur.—Les comètes ont quelquefois plusieurs queues : celle de 1744 en avait jusqu'à *six*. La dimension de la queue de la comète de 1680 a été évaluée à 41,000,000 de lieues.—Un ami de Newton attribuait le déluge à une comète.—Maupertuis pensait que l'anneau de Saturne provenait d'une comète qui aurait enveloppé cette planète.—Buffon supposait que les comètes elles-mêmes étaient des éclaboussures du soleil.—Les comètes se mouvant dans toutes les directions et parcourant des ellipses extrêmement allongées qui traversent notre système solaire et coupent les orbites des planètes, il n'y aurait pas impossibilité qu'elles rencontrassent quelques-uns de ces astres : le choc de la Terre par une comète est donc rigoureusement possible, mais il est en même temps fort improbable.—Du reste, les effets de ce choc seraient effroyables. Le mouvement de translation une fois anéanti, tout ce qui n'est pas adhérent à la surface de la Terre, comme les animaux, les eaux, etc., partirait avec une vitesse de 7 lieues par seconde. Si le choc ne faisait que ralentir le mouvement de rotation, les mers s'élanceraient de leurs bassins, l'équateur et les pôles seraient changés. Et, dans sa *Mécanique céleste*, Laplace ajoute qu'une grande partie des hommes et des animaux seraient noyés dans ce déluge universel ou détruits par la violente secousse imprimée au globe terrestre, des espèces entières anéanties, et tous les monuments de l'industrie humaine renversés.—(Relativement aux prétendues influences des comètes, voir notre *Dictionnaire des Erreurs et des Préjugés populaires* dans la BIBLIOTHÈQUE POUR TOUT LE MONDE.)

CORAUX (V. *Polypes*).

CRUSTACÉS (V. *Mollusques*).

E.

EAUX MINÉRALES. Tantôt bouillantes, tantôt glaciales ou tempérées, certaines eaux minérales exercent une précieuse action sur la santé des hommes. On les divise en quatre classes, sous les noms de *eaux gazeuses*, — *ferrugineuses*, — *salines* — et *sulfureuses*. L'Europe possède plusieurs sources inépuisables de ces eaux élaborées si merveilleusement dans le sein de la terre, où elles se chargent des acides sulfuriques et sulfureux, des hydrosulfates de soude et de chaux sulfurés, d'acide carbonique, des carbonates de chaux, de fer et de magnésie, de potasse et d'ammoniaque, des gaz azote et oxygène, des matières animales ou végétales, etc. — L'art pharmaceutique est parvenu à imiter parfaitement les eaux minérales naturelles, dont les plus renommées sont entre autres, les eaux de Vichy, d'Aix, de Barèges, de Bourbonne, etc.

ÉCHO. Le phénomène de l'écho se produit quand le son arrive à un corps solide par une réflexion pareille à celle de la lumière. La colonne d'air qui est le véhicule du son, se trouvant arrêtée subitement par une surface dure et polie, revient sur elle-même, la sonorité en suit la direction, et l'écho simple ou répercuté retentit. — Il existe près de Milan un écho qui répercute cinquante-six fois de suite un coup de pistolet et soixante fois un coup de fusil. —Le lac d'Ulwaster, dans le Westmoreland, en Angleterre, est remarquable par les échos dont il est entouré. Un coup de fusil se répète de roche en roche, de cavité en cavité, et reproduit toutes les phases lointaines et rapprochées du roulement du tonnerre. —Sur le lac Lean, en Irlande, on cite un rocher fameux appelé le *nid de l'aigle*, dont les cavités renferment un écho si extraordinaire que non-seulement une détonation, mais le moindre cri y est répercuté jusqu'à l'infini avec un retentissement pareil à celui d'une grosse cloche.

ÉCLIPSE. Disparition momentanée d'un corps céleste par l'interposition d'un autre corps et par la projection de son ombre. — Lorsque la terre vient se placer entre le soleil et la lune, celle-ci est enveloppée dans l'obscurité, et il y a éclipse de lune. — Elle est *totale* ou *partielle*, selon que l'astre se plonge entièrement ou en partie dans le cône d'ombre. — Lorsque la lune vient s'interposer entre le soleil et la terre, il y a éclipse de soleil : elle est *partielle* ou *totale*, selon que la lune cache en partie ou complétement le disque du soleil. La plus longue éclipse totale de soleil qui puisse arriver ne durera jamais plus de temps qu'il n'en faut à la lune pour parcourir 1 minute 38 secondes de degré, c'est-à-dire environ 3 minutes 13 secondes de temps. Le calcul a démontré que le retour des éclipses de soleil a lieu environ *tous les dix-huit ans*. —Le voile dont se couvre peu à peu le soleil répand sur la nature une tristesse lugubre; les gallinacés, particulièrement les poules, n'attendent pas que l'éclipse soit totale pour gagner leurs retraites; les oiseaux suspendent ou arrêtent leur vol; les pigeons frappés de terreur se réunissent en cercle et volent en tous sens, comme éperdus et sans pouvoir regagner leurs tourelles ; les chauves-souris prennent leur vol comme pour une longue nuit; le bœuf lui-même, traçant le sillon, s'arrête court et n'est plus sensible à l'aiguillon qui le presse, et ceux qui paissent dans les marais au moment de l'éclipse se mettent à beugler et, se réunissant en cercle, placent leurs cornes les unes dans les autres, comme aux heures des violents orages. Mais dès que les rayons du soleil brillent de nouveau, les hirondelles, qui disparaissent pendant la durée de l'éclipse, reviennent en poussant des cris d'allégresse, et le coq qui, trois minutes auparavant, avait gagné sa retraite comme les autres, fait entendre comme pour un jour nouveau son chant matinal, et semble se réjouir de ne plus voir la nature en deuil. — Les éclipses terrifiaient profondément les anciens, dont la crédule ignorance fut plus d'une fois exploitée par quelques habiles. Anaxagore chez les Grecs, Sulpitius Gallus chez les Romains, expliquèrent et prédirent même des éclipses; mais les moindres notions en astronomie ne pénétraient point alors dans les masses. Il n'est pas démontré que de nos jours on ait beaucoup gagné à cet égard.

ÉGLISES. (V. *Cathédrales*.)

ÉLECTRICITÉ. Tous les corps possèdent l'électricité naturelle, ils sont à l'état neutre. Le frottement a la propriété de séparer les deux fluides et de les répartir inégalement sur les corps frottés. Les attractions et les répulsions électriques sont en raison inverse du carré des distances : elles sont, en outre, proportionnelles aux quantités d'électricité. —On reconnaît qu'un corps est électrisé lorsqu'il attire des corps légers, tels que des barbes de plume ou la balle de sureau du pendule électrique. Lorsqu'une certaine quantité de fluide électrique le trouve accumulée sur la surface d'un corps, l'approche du doigt donne lieu à une étincelle accompagnée d'un pétillement plus ou moins fort. — Les corps conducteurs de l'électricité sont ceux qui laissent passer facilement le fluide électrique ou le conduisent rapidement d'un point à un autre : tels sont les métaux, le bois, l'eau, l'air humide, les corps animés. Les mauvais conducteurs ou corps isolants sont ceux qui conservent presque entièrement l'électricité aux points où elle a été développée, ou, en d'autres termes, qui la conduisent difficilement en opposant une résistance à son mouvement ; tels sont le verre, les résines, la soie, l'ambre, l'air sec, etc: —Le globe terrestre, appelé réservoir commun, est un bon conducteur. —Les balles de deux pendules électriques se repoussent si elles ont été électrisées toutes deux par le verre ou par la résine; mais elles s'attirent si l'une a été électrisée par la résine, l'autre par le verre. Si l'on approche de la balle non encore électrisée un tube de verre électrisé, la balle se précipite sur le verre; puis, si le fil qui la supporte est un corps isolant, elle est repoussée dès qu'elle se trouve électrisée au contact. —Une balle électrisée ainsi par le verre est repoussée par un tube de verre électrisé et attirée au contraire par un bâton de résine : de là l'hypothèse de deux fluides électriques, le fluide vitré ou positif, et le fluide résineux ou négatif. —La résine est électrisée négativement avec une peau de chat. —Les fluides de même nom se repoussent, ceux de noms contraires s'attirent. — Parmi les merveilleux effets de l'électricité, en qui tout est surprise, l'un de ceux qui nous étonne le plus est l'extrême rapidité de communication par étincelle d'un conducteur à l'autre. La transmission s'opère en quelque sorte instantanément. Des expériences positives nous ont appris que la vitesse de transmission du fluide électrique est supérieure à celle de la lumière elle-même, et qu'on peut, au minimum, l'évaluer à 115 mille lieues par seconde.— L'*électricité animale* ou *galvanisme* fut remarquée en 1789 par Galvani, professeur d'anatomie à Bologne, et prouvée par Volta. (V. le mot *Galvanisme* dans notre *Dictionnaire des Découvertes et Inventions*, BIBLIOTHÈQUE POUR TOUT LE MONDE, et le mot *Pile de Volta* dans celui-ci.)

ETNA. (V. *Volcans.*)

ÉTOILES. Les étoiles sont autant de corps lumineux, autant de soleils vers lesquels, comme vers le nôtre, gravitent aussi des planètes innombrables. Si le soleil était transporté dans la région des étoiles, il ne nous apparaîtrait que comme une étoile de petite grandeur. Le nombre de celles qui sont visibles à l'œil nu est très-petit ; il ne s'élève pas à plus de cinq mille d'un pôle à l'autre ; mais au télescope ce nombre augmente dans une proportion énorme. Il y a des régions du ciel où l'on aperçoit des groupes que l'on a qualifiés de fourmilières ; dans des espaces plus petits que celui qu'occupe le disque de la lune on en a compté plus de vingt mille. Il y a donc des milliards d'étoiles : on n'en a encore catalogué qu'une centaine de mille pour servir de repère au mouvement des planètes et des comètes.—Ce n'est qu'en 1840 qu'on est parvenu à déterminer la distance moyenne d'une étoile à la terre, et ce n'est que par circonstance que le directeur de l'observatoire de Kœnigsberg, M. Bessel, s'est adressé à une des plus petites, la soixante et unième du Cygne ; le résultat a été celui-ci : la distance de la terre à l'étoile la plus proche que nous connaissions est de 22,800,000,000,000 de lieues ; et comme la lumière parcourt, comme on le verra au mot *lumière*, 77,000 lieues par seconde, il en résulte que la lumière de l'étoile la plus voisine de la terre emploie *dix ans* pour arriver jusqu'à nous. Quant à la lumière des étoiles les plus éloignées que l'on puisse voir avec le télescope d'Herschel (V. *Télescope*), elle ne doit pas mettre moins de deux mille sept cents ans à nous parvenir. — Les groupes d'étoiles que l'on désigne sous le nom de *nébuleuses* ont été cataloguées déjà au nombre de cinq à six mille. Notre soleil fait partie d'une de ces nébuleuses, et n'occupe qu'une place fort modeste dans l'infini ; et quand on pense que la science en est venue à prouver que le soleil, cet œil immense ouvert incessamment sur notre monde, n'est qu'une étoile de minime grandeur, l'esprit humain, devant ces immensités, ne peut plus que s'humilier et se sentir abîmé dans son néant. — ***Etoiles filantes.*** (V. ***Aérolithes*** et ***Astéroïdes.***)

F.

FEUX FOLLETS et **SAINT-ELME**. Ces lueurs vagabondes, dont l'ignorance s'est emparée pour en faire des légendes mystérieuses, ne sont que des émanations de la terre ou le développement de l'hydrogène exhalé des matières animales, végétales ou minérales, et réduit en phosphore par la putréfaction : feux subtils et légers, ils voltigent, serpentent, ondulent, à la surface des marais, des prairies, sur les tiges des épis, et couronnent en temps d'orage les pointes des mâts d'aigrettes lumineuses.

FLEUVES. Le plus grand fleuve du monde est le Maragnon ou rivière des Amazones, dont le cours gigantesque embrasse 1,200 lieues en coulant avec une largeur commune d'une lieue, une profondeur moyenne de 50 brasses et une embouchure de 14 à 15 lieues. Que sont auprès de ce géant des eaux et nos grands fleuves d'Europe, et le Nil fécondant, et l'Hoang-ho de la Chine, et l'Indus d'Alexandre, et le Gange sacré, et le Saint-Laurent même et le Mississipi d'Amérique. Dans son immense parcours, le fleuve des Amazones reçoit plus de deux cents rivières dans lesquelles se noieraient nos fleuves les plus grands; et c'est enflé et grossi de cet orgueilleux tribut qu'il fait son entrée dans l'Océan.—Pascal appelait les fleuves *des grands chemins qui marchent.*

FOSSILES. Les fouilles faites en Asie et en Amériqne au commencement du XVIIIe siècle ont amené la découverte d'ossements fossiles qui ne peuvent avoir appartenu qu'à des animaux d'une grandeur démesurée, des espèces crocodile, éléphant et hippopotame. Cuvier leur a donné les noms de mégalonix, mégathérion, sylvathérion, ichtyosaure, iguanodon, etc.; parmi les plus curieux résultats de ces recherches on remarque un mégalosaure ou crocodile d'une grandeur de 25 mètres, des mastodontes et des gavials monstrueux. A quelle époque vivaient ces êtres gigantesques, aujourd'hui complétement effacés de la surface du globe ? La science en a assigné l'existence à une époque de beaucoup antérieure au déluge.

FOUDRE. La foudre est due à l'électricité atmosphérique. Certains nuages sont électrisés et agissent par influence sur les autres nuages ou sur les objets terrestres en décomposant leur électricité naturelle (V. *Electricité*). La foudre est la recomposition subite des fluides dans les nuages électrisés; l'éclair est l'étincelle, le tonnerre est le bruit qui accompagne cette étincelle. La foudre, comme les batteries électriques, mais avec plus d'intensité, fond et volatilise les métaux, enflamme les matières combustibles, brise, perce, déchire les mauvais conducteurs et tue les animaux.

FOURMIS. Les fourmis blanches, dans les pays intertropicaux, font des ravages incroyables dans le bois. On a vu à Bombay un vaisseau neuf s'écrouler sur lui-même par suite des ravages intérieurs qu'y avaient occasionnés ces fourmis. S'il faut en croire certaines relations, il existe une espèce de grosses fourmis qui se font de véritables déclarations de guerre et s'organisent en bataillons qui reconnaissent des chefs ; souvent, dit-on, au milieu du combat des têtes tombent, tranchées avec adresse, et les vainqueurs les emportent collées à leurs cuisses comme des trophées.

G.

GROTTES. La fameuse grotte de Fingal, dans l'île de Staffa, l'une des Hébrides, s'ouvre par deux rangs de colonnes, séparées entre elles par un espace d'environ 53 pieds anglais (c'est l'ancien pied français moins un pouce). La voûte de la grotte, qui a 117 pieds de haut à l'entrée, mais qui, s'abaissant progressivement vers le sol, n'en a plus au fond que 70, est supportée par plusieurs rangs de colonnes tronquées dont les interstices sont remplis par une espèce de matière jaunâtre de la nature des stalactites. La largeur de la voûte, qui est de 53 pieds à l'entrée, va si bien en diminuant par degrés que le fond de la grotte n'en mesure plus que 20. Le jour l'éclaire abondamment du dehors et vient ajouter à ce spectacle, déjà merveilleux par lui-même, toute la magie des reflets de la lumière.—En France, dans la petite île de Saint-Genouph, formée par la Loire, près de Savonnières, on trouve aussi des grottes remarquables nommées dans le pays *caves gouttières*. L'eau, qui partout tombe goutte à goutte du haut des voûtes, forme de petits glaçons blanchâtres. Dans l'une de ces grottes se trouve une espèce d'autel en pierre blanche ; et dans une autre, dont la décoration est tout à la fois élégante et symétrique, s'élèvent deux grands rochers blancs comme de la neige, de figure pyramidale et formés de plusieurs cordons posés régulièrement les uns sur les autres et ornés de petites écailles disposées avec tant d'ordre qu'elles semblent avoir été creusées et rangées par le ciseau du plus habile sculpteur.—Il y a dans la Charente des grottes dans lesquelles sont creusés des trous circulaires, espèces de silos, dont l'un servit de refuge à Calvin.

H.

HIRONDELLES. La nature a doué les hirondelles comme les abeilles d'un instinct raisonné qui fait l'admiration de l'observateur. — Les hirondelles se rassemblent toutes au moment de l'émigration sur le sommet d'un édifice; là elles attendent le signal, et lorsqu'il est donné, toutes s'élèvent à la fois dans les airs à une très-grande hauteur, dirigeant leur vol vers le sud, et disparaissent promptement aux yeux. Rarement il reste quelques traînards dans un pays où la veille on en voyait par centaines. Ainsi que les cailles, elles traversent les mers et s'en vont dans les pays chauds pour trouver une nourriture abondante en insectes. On connaît l'affection des hirondelles et des mésanges entre elles; elle les porte à se secourir et à traverser souvent tous les dangers pour soulager ou délivrer l'une de leurs compagnes lorsqu'elle est blessée ou captive.

HORLOGERIE. Caravagius, vers la fin du 15e siècle, exécuta un *réveil* qui simultanément sonnait l'heure, battait le briquet et allumait la bougie.—Les chefs-d'œuvre modernes de l'horlogerie paraissent avoir atteint les dernières limites de la perfection (V. *Chronomètres*).

I.

IDOLE. On montrait autrefois à Paris une idole japonaise posée sur un piédestal et dans une niche, le tout exécuté avec deux moitiés de grains de riz.

INFUSOIRES. On appelle ainsi des animalcules que l'œil ne saurait apercevoir sans le secours d'un microscope de grande puissance, et que l'on découvre, par myriades dans l'eau, le vinaigre, etc., où ils vivent et meurent dans l'espace de quelques heures. Les variétés infinies de leurs formes, la simplicité de leurs organes, la singularité de leur existence et de leur reproduction, ont ouvert aux naturalistes un vaste champ d'hypothèses et de méditations.

J.

JARDINS. Ceux de Babylone, l'une des *sept* prétendues merveilles du monde, œuvre puissante de la reine Sémiramis, qui vivait 2120 ans avant Jésus-Christ, étaient construits sur des terrasses supportées par des voûtes d'une hauteur prodigieuse : ils étaient plantés et décorés des plus beaux arbres, des plus belles fleurs et des plus belles statues de l'univers, et arrosés par des ruisseaux que d'ingénieuses machines élevaient à cette merveilleuse hauteur. — On cite encore ceux de l'ancienne *Grenade;* — ceux de Saint-Ildefonse (Espagne), transportés, pour ainsi dire, sur d'arides montagnes, avec les terres qui les produisent ; — ceux de Ning-Po, en Chine, où l'on voit de belles roses *jaunes* grimpantes et des *roses* aux cinq couleurs ; — ceux enfin de Versailles, de Marly, de Paris et de Londres.

L.

LABYRINTHE. Celui dont Hérodote donne la description, qu'il dit avoir vu lui-même en Egypte, et qu'il trouvait plus surprenant que les pyramides, était tout en pierre. C'était un amas de douze palais disposés régulièrement et qui communiquaient ensemble. — « Quinze cents chambres, mêlées de terrasses, dit Bossuet, s'arran« geaient autour de douze salles et ne laissaient point de sortie à « ceux qui s'engageaient à les visiter. » Il y avait sous terre autant de bâtiments qu'au-dessus ; ils étaient destinés à la sépulture des rois et à la conservation des crocodiles sacrés.

LACS. Le lac le plus remarquable de l'univers est le lac *Supérieur* ; il est plus vaste que la mer Caspienne : les voyageurs prétendent qu'il a 1,500 milles de circonférence, et son eau est si claire, si transparente et si pure, qu'on distingue parfaitement les pierres de son sein ; mais on ne peut le regarder longtemps sans vertige. — Dans l'antiquité, le lac *Mœris* avait été creusé par le pharaon ou roi de ce nom, pour recevoir la surabondance des eaux du Nil à l'époque des périodiques et bienfaisantes inondations de ce fleuve.

LOUVRE. (V. *Palais.*)

LUMIÈRE. On a imaginé deux hypothèses sur la lumière : celle de l'*émission* et celle des *ondulations*. La première suppose que les corps lumineux envoient continuellement dans toutes les directions une substance extrêmement ténue qui traverse les corps transparents sans rien perdre de sa vitesse, et qui est arrêtée par les corps opaques. Cette substance, en arrivant au fond de notre œil, produit la sensation d'où résulte la vue des objets. La seconde hypothèse n'admet point qu'il y ait transport d'un agent matériel; mais elle suppose que les molécules mêmes des corps lumineux éprouvent des mouvements vibratoires, et que ces vibrations, transmises au fluide éthéré répandu partout, se propagent de proche en proche jusqu'à l'organe de la vue. Il en serait alors de la lumière comme du son.— L'hypothèse des *ondulations* est aujourd'hui la plus en crédit. — La vitesse de la lumière est prodigieuse, elle nous arrive du soleil en 8 minutes 13 secondes, et la distance parcourue étant de 34,600,000 lieues, la lumière parcourt en une seconde 77,000 lieues environ. — Nous ne voyons les corps que parce qu'ils réfléchissent les rayons lumineux qu'ils reçoivent. C'est aussi à cause de la réflexion que nous pouvons voir dans une glace des objets placés derrière nous ou cachés à nos regards directs. (V. *Vision.*)

LUNE. La lune, satellite de notre terre, dont elle est éloignée d'environ 96,000 lieues, accomplit sa révolution autour d'elle en dix-sept jours et demi. Son volume n'est que la quarante-neuvième partie de celui de la terre. Evaluant sa densité, on trouvera qu'elle pèse fort peu, et l'on a calculé qu'il ne faudrait pas moins de 23,000,000 de lunes pour contre-balancer le poids du soleil. Cette faible distance comparative de la lune, que les grossissements de nos lunettes ont encore rapprochée au point de ne plus mettre entre elle et nos yeux que le faible espace de *seize* lieues, nous permet aujourd'hui d'y distinguer des cavités, des cratères ou des montagnes beaucoup plus élevées que celles de l'Europe, relativement à l'étendue du satellite, quarante-neuf fois plus petit que la terre. Un des phénomènes les plus remarquables de la lune, c'est de ne nous présenter jamais qu'un de ses hémisphères; quant à ses influences réelles et supposées, V. le mot ***Marées*** et notre ***Dictionnaire des Erreurs et Préjugés populaires*** (l'une des fractions encyclopédiques de la ***Bibliothèque pour tout le monde***).

M.

MACHINES (*à vapeur*). Les ouvriers des forges de Vulcain lui-même eussent reculé peut-être devant le travail de nos machines cyclopéennes, s'il se fût agi pour eux d'exécuter des masses pareilles a ces chaudières grandes comme des maisons, à ces cylindres en fonte, spacieux à loger un homme, de couler ces arbres de couche sur lesquels sont fixés les roues à aubes qui battent l'eau et font avancer le navire: un seul de ces arbres a 45 centimètres de diamètre, et il pèse 9,500 kilogrammes; les Cyclopes eussent reculé devant ces bielles qui transmettent à l'arbre de couche le mouvement que le balancier lui-même a reçu de la vapeur par l'intermédiaire de la tige fixée au piston montant et descendant alternativement dans le cylindre.

MAISON CARRÉE. Un véritable petit chef-d'œuvre d'architecture corinthienne est ce qu'à Nîmes on nomme la *Maison Carrée.* C'est un charmant petit temple que Louis XIV eut un instant l'intention de faire transporter à Versailles, et qui y figurerait dignement comme un monument de plus de la perfection des arts dans la Rome antique.

MARÉES. C'est Laplace qui, le premier, a reconnu que l'attraction exercée par la lune, en *collaboration* avec le soleil, était la cause qui produisait le phénomène des marées. A cette époque, la mer coule pendant environ six heures du sud au nord, en s'enflant par degrés; elle reste à peu près un quart d'heure stationnaire et se retire du nord au sud pendant six autres heures. Après ce second repos d'un quart d'heure, elle recommence à couler et ainsi de suite. Le temps du flux et du reflux est, terme moyen, d'environ 12 h. 25 m.—Telle est la puissance du *flot* ou marée montante que les eaux des fleuves et des rivières en sont refoulées à 30 lieues et plus au delà de leurs embouchures. Cependant les lacs n'éprouvent pas de marées, probablement parce qu'ils sont trop petits pour que la lune y exerce son action d'une manière sensible. On n'en remarque pas non plus dans la Méditerranée et dans la mer Baltique, parce que les ouvertures par lesquelles ces deux grands lacs communiquent avec l'Océan sont si étroites qu'ils ne peuvent, dans un temps si court, recevoir assez d'eau pour que leur niveau en soit sensiblement élevé.—A Saint-Malo, la mer monte à 23 mètres, et à Brest elle ne monte qu'à 14 mètres, bien que ces deux ports soient assez rapprochés. Comment expliquer cette différence de niveau?

MIRAGE. Il arrive quelquefois que des objets éloignés, outre leur image directe, donnent une seconde image, renversée, supérieure, inférieure ou latérale: c'est le mirage. Par leur contact avec le sol, surtout dans les plaines sablonneuses des pays chauds, les couches inférieures de l'atmosphère s'échauffent vers le milieu du jour et acquièrent chacune une densité moindre que la couche immédiatement supérieure, jusqu'à une certaine hauteur, où la densité est constante. Un rayon lumineux partant d'un objet placé dans cette couche est réfracté par chacune des couches inférieures ; il s'éloigne de plus en plus de la normale au point d'incidence, son angle de réfraction devient plus grand et remonte suivant une direction contraire en subissant de nouvelles réfractions. L'œil, qui reçoit ce rayon, voit le point lumineux dans le prolongement du rayon, et par suite il aperçoit l'image renversée de l'objet comme s'il était réfléchi par une nappe d'eau.—Nos soldats d'Egypte ont souvent éprouvé l'illusion du mirage. Dévorés d'une soif ardente lorsqu'ils traversaient des plaines immenses couvertes d'un sable brûlant, ils croyaient voir à l'horizon de vastes nappes d'eau dans lesquelles se réfléchissaient les arbres, les collines, le ciel, de ravissantes oasis : ils accouraient au rivage; l'eau, les arbres, le ciel, le rivage, tout fuyait devant eux. Le mirage en un mot est dû à la réfraction de la lumière ; il s'observe à toutes les latitudes, et sur mer comme sur terre. Monge, pour la première fois, a donné l'explication de toutes ces illusions lors de l'expédition d'Egypte (V. *Réfraction*).

MIROIRS (*ardents*). On sait que du haut des remparts de Syracuse Archimède, à l'aide de miroirs ardents qu'il avait inventés, mais que Descartes met au nombre des fables, brûla toute la flotte romaine de Marcellus. Après lui Proclus s'en servit, au siége de Constantinople, pour incendier à son tour la flotte de Vitellius.—Buffon, pour démontrer la possibilité de ce fait, que beaucoup de personnes révoquaient en doute malgré l'histoire, construisit deux miroirs concaves composés l'un de 128, l'autre de 221 miroirs plans diversement inclinés, mais réunis à un foyer commun distant de 120 et de 50 pieds; avec le premier des pièces de bois furent enflammées, et avec le second il mit des assiettes d'argent en fusion. Ceux que fabriquèrent les verreries de Saxe, à la fin du XVIIe siècle, fondaient les métaux et vitrifiaient les pierres.—Les miroirs ardents furent réinventés par Trudaine en 1773.

MOLLUSQUES. Antagonisme des polypes, des crustacés et des mollusques; ces derniers s'établissent sur les polypiers pour les dévorer; les crustacés dévorent à leur tour les mollusques, qui sont dévorés eux-mêmes par d'autres reptiles plus hideux encore et plus destructeurs.

MOSQUÉES. Les plus remarquables de ces temples consacrés à la religion de Mahomet (islamisme) sont la mosquée d'Omar à Jérusalem, bâtie, assure-t-on, sur l'emplacement de l'ancien temple de Salomon, à laquelle peu d'édifices peuvent être comparés, soit à caus du luxe asiatique de ses constructions, soit à cause des ornements done l'intérieur est embelli ;—celle de Sainte-Sophie à Constantinople, dont le dôme, élevé sur des arceaux que supportent de vastes piliers en marbre, comme son pavé et son escalier, a 113 pieds de diamètre ;—celle de la sultane Validé, mère de Mahomet IV, la plus grande de Constantinople, entièrement construite en marbre ;—et celle de Sélim Ier, à Andrinople, qui consiste en un dôme d'une prodigieuse étendue, flanqué de tours, et dans lequel on remarque un escalier en spirale composé de trois escaliers placés l'un sur l'autre et conduisant aux trois étages de la tour qui sert de minaret, du haut duquel le muezzin appelle les croyants à la prière.

MURAILLES. Celles de Babylone, avec ses *jardins*, l'une des *sept* prétendues merveilles du monde, avaient cent portes d'airain comprises dans une enceinte de 480 stades ; leur hauteur était de 200 pieds, leur largeur de 50 ; et *deux* chars, d'autres disent *dix*, pouvaient y passer de front. Elles étaient, comme les jardins, l'œuvre de la reine Sémiramis.—Mais cette antique *merveille du monde* est pourtant bien loin d'approcher de cette surprenante *muraille* moderne qui sépare la Chine de la Tartarie. Elle a 500 lieues de long, et, en quelques endroits, sa hauteur est de 31 pieds et sa largeur de 15 ; elle est flanquée de distance en distance de grosses tours carrées de 40 à 50 pieds de hauteur.

O.

OBÉLISQUES. Ce sont des monuments égyptiens d'une seule pièce taillée dans le roc, que l'on plaçait, dans l'antiquité, en avant et de chaque côté de l'entrée principale des temples ; on en a vu d une seule pièce qui avaient jusqu'à 150 pieds de hauteur.—Celui de Louqsor, à Paris, fut chargé, au moment des grandes eaux du Nil, sur un bâtiment qui, du pylône de Louqsor, descendit jusqu'à la mer ; et, pour la première fois, une masse aussi imposante passa le détroit de Gibraltar et vint à travers l'Océan jusqu'à Paris, *unissant le Nil et la Seine*, comme a dit le baron Taylor.—C'est M. de Verninhac qui a transporté le monolithe, et c'est l'ingénieur Lebas qui l'a érigé sur la place de la Concorde.

OEUFS. Une carpe femelle d'une livre peut donner jusqu'à

237,000 œufs; une autre, d'une livre et demie, en a donné 342,144; une troisième, qui pesait neuf livres, 621,000; mais tous ne deviennent pas des carpes; une partie du frai est mangée par les poissons.— Ce qui est plus merveilleux encore : une seule morue peut pondre 3 millions 441,000 œufs.

OURAGANS. Quand on saura que les ouragans de la mer du Sud, du Mexique et des Antilles parcourent 36 mètres par seconde, vitesse qui surpasse trois ou quatre fois celle du coursier le plus rapide et celle même des chemins de fer, on ne s'étonnera pas qu'avec les torrents de pluie, les éclairs, la foudre, leurs xiliaires, ils ébranlent, renversent, arrachent et détruisent plus puissamment que les avalanches tout ce qui fait obstacle à leur formidable voyage.

P.

PALAIS. Les palais de Venise et de Gênes, l'Alhambra des Maures, le magnifique Alcazar de Séville, le palais impérial de Jeddo, capitale du Japon, de huit kilomètres de tour, ville fortifiée dans la ville, la maison d'or des empereurs de Rome et le Vatican des papes, ces autres villes dans la cité, ont à juste titre cédé la palme du renom au palais du Louvre, dont le chanoine Pierre Lescot donna les dessins qu'exécutèrent successivement les rois Henri II, Henri IV, Louis XIII et surtout Louis XIV, sous le règne duquel fut créée, par le médecin Perrault, cette colonnade fameuse qui eût fait l'admiration des ancêtres du monde connu, et qui avec le palais de Versailles fera celle de la postérité.

PERLES. Les perles sont les plus précieuses des collections marines. Elles se composent d'une substance blanche et dure, et on les trouve toutes formées, de forme sphérique, entre les deux écailles d'une espèce particulière d'huître. On suppose que ce sont, comme les coraux, des sécrétions glutineuses sorties du corps de l'animal et que l'action des sels marins aura concrétées. Les pêcheries les plus abondantes en belles perles sont à l'île de Ceylan, à Bahama (dans le golfe Persique) et dans la mer de Californie. Les Californiens font des bracelets et des colliers d'un coquillage univalve nommé mère-perle, d'un éclat bleu supérieur à la plus belle nacre. —Dans l'Inde, leur prix n'est guère inférieur à 8 ou 10,000 fr. Le rang de perles, au nombre de soixante-dix-huit, qui ornait le turban du sultan de Mysore, était estimé 600,000 fr.

PHARE. Celui d'Alexandrie, l'une des *sept* prétendues merveilles du monde, construit sous les Ptolémées, dans l'île de Pharos, par un architecte nommé Sostrate le Cnidien, avait 233 coudées de hauteur (à 19 pouces environ la coudée égyptienne) : la flèche de Strasbourg et la tour de Saint-Étienne, à Vienne, l'emportent en élévation d'une soixantaine de coudées. Il se composait d'un premier étage carré, d'un second étage de forme octogone, et le troisième était rond : le phare proprement dit, ou la lanterne, surmontait le tout.

PHOSPHORESCENCES. On distingue les phosphores naturels et les phosphores artificiels. Du frottement de deux morceaux de sucre, de soufre, de salpêtre dans l'obscurité, jaillissent des étincelles. Quant aux corps naturels qui ont par eux-mêmes les propriétés phosphorescentes et sans que nul contact ni frottement viennent y contribuer, ce sont le bois pourri, le poisson en corruption, les yeux du chat, le poil de son dos frotté à rebours par un temps sec, et surtout les vers luisants (V. *Vers luisants*). —Des flots rompus ou agités s'échappe souvent une brillante lumière blanche, et qu'on remarque dans toutes les parties de l'Océan et à toutes les saisons. Ce dégagement lumineux est attribué, selon les uns, aux vers luisants, méduses, pinnatules marines, zoophytes, mollusques, qui brillent surtout à l'époque de l'amour ; selon d'autres, au frai des poissons ; à l'électricité et au frottement des eaux, d'après le grand Newton.

PILE (DE VOLTA). Elle se compose de couples électro-moteurs, cuivre et zinc, séparés par des rondelles de drap imbibées d'eau acidulée. Les extrémités de la pile se nomment pôles : l'extrémité formée par une plaque de zinc est le pôle positif, celle qui est formée par une plaque de cuivre est le pôle négatif Si la pile est en communication avec le sol par le pôle cuivre. tout le fluide négatif s'écoule dans le sol, et les plaques de zinc sont électrisées positivement : la tension étant 1 dans la plaque zinc inférieure, elle sera 2 dans la seconde, 3 dans la troisième, 100 dans la centième formant le pôle positif. Lorsque la pile est isolée, sa moitié supérieure est électrisée positivement, et sa moitié inférieure négativement ; la tension aux pôles est alors la moitié de ce qu'elle serait si la pile n'était pas isolée. Le sens du courant électrique s'indique par celui du courant positif. —Lorsqu'on touche avec les deux mains mouillées les pôles d'une pile isolée, on ressent une commotion forte et continue. En faisant passer un courant voltaïque sur les organes d'un corps récemment privé de la vie, on excite des mouvements extraordinaires comme si le cadavre cherchait à se ranimer : on a pu, par ce moyen, rappeler à la vie des lapins asphyxiés depuis une demi-heure. Les effets physiques de la pile sur les fils métalliques et les feuilles d'or sont les mêmes que ceux de la batterie électrique. —L'action de la pile décompose l'eau et tous les oxydes, les acides et les sels : l'oxygène se porte au pôle positif et le radical au pôle négatif.

PLANÈTES. Les planètes sont des corps opaques qui réfléchissent la lumière qu'elles reçoivent du soleil, centre du système auquel elles appartiennent, et qui gravitent autour de cet astre en décrivant une ligne circulaire ou elliptique. Elles sont mues par deux forces principales, dont l'une est dite force d'attraction, par laquelle elles sont perpétuellement attirées vers le point central ou soleil : l'autre est appelée force centrifuge et tend perpétuellement à les en éloigner : et ces deux forces se balançant ainsi, il en résulte que les planètes se maintiennent invariablement dans leurs orbites, tout en exécutant leur double mouvement de rotation sur elles-mêmes et de translation autour du soleil.—Les planètes de premier ordre sont Mercure, Vénus, la Terre, Mars, Jupiter, Saturne, Uranus ou Herschel, et Neptune ou Leverrier. Mercure, Vénus et Mars sont plus petites que la Terre, dont elles sont la seizième, la dixième et la septième partie; mais, en revanche, Uranus est 80 fois plus grosse que la Terre, Saturne 995 fois, et Jupiter 1,470! —« Plus à l'est, Mars, rouge comme le feu et le « sang, imitait la scintillation stellaire par une sorte de flamboiement « farouche..... —Un peu au-dessus, brillait doucement, avec son « apparence de blanche et paisible étoile, cette planète-monstre, ce « monde effrayant et mystérieux que nous nommons Saturne..... — « Vers l'orient, à l'extrémité nord de la lueur crépusculaire, tout « près de l'horizon, dans un milieu limpide, bleu, sombre, éblouis« sant, mélange ineffable de perle, de saphir et d'ombre, Vénus « resplendissait, et son rayonnement magnifique versait sur les « champs et les bois confusément entrevus, une sérénité, une grâce « et une mélancolie inexprimables. C'était comme un œil céleste « amoureusement ouvert sur ce beau paysage endormi. » (VICTOR HUGO, *Le Rhin*, t. I, p. 86.)

PLANTES. La *cururuape* et la *guajana-timbo* (dans la Guiane) ont la singulière propriété d'enivrer les poissons ; et une petite quantité d'une autre plante, nommée *hiarrée*, suffit pour les enivrer à une distance considérable : de sorte qu'en peu de minutes ils flottent sans mouvement sur la surface de l'eau, où il est facile de les prendre. — La *sensitive* tient son nom de l'extrême sensibilité de de ses feuilles, qui se contractent et se replient sur elles-mêmes au moindre attouchement, à l'approche seule d'un curieux. Ce phénomène bizarre a bien des fois occupé l'attention des naturalistes, qui ne l'ont point encore expliqué d'une manière uniforme et complète.

PNEUMATIQUE (MACHINE). Elle a été inventée pour démontrer la pesanteur, l'élasticité et la compressibilité de l'air. — Trois pieds droits supportent une platine percée d'un trou qui correspond au-dessous d'elle à une pompe aspirante : sur cette platine on pose un globe de verre nommé récipient, rempli d'air que la pompe est destinée à aspirer : la succession des coups de piston augmente progressivement la résistance au point d'exiger pour les derniers coups une force d'environ 60 kilogrammes. Par suite de cette raréfaction de l'air, un animal placé sous le récipient cesse bientôt de respirer. Si l'on place une pendule dans le récipient et que l'on fasse le vide, la pendule ne cessera pas de marcher, mais à l'heure indiquée par les aiguilles, on verra le marteau se lever et frapper le timbre sans qu'il en résulte aucun son. Si l'on rend alors un peu d'air, on entend d'abord un faible son, puis un son plus intense, à mesure que la quantité d'air augmente dans le récipient.

POLYPES. La plupart des roches à fleur d'eau, qui rendent la navigation si périlleuse au sein des mers peu connues encore, ne sont rien autre que des polypiers où cellules de polypes qui, s'élevant perpendiculairement du fond de la mer, s'accroissent sans cesse par la superposition de couches nouvelles sur les couches déjà existantes. Les bancs de coraux sont aussi l'ouvrage des polypes, et la chaîne de récifs qui ceint la Nouvelle-Calédonie dans un espace de 150 lieues en est un exemple des plus merveilleux. C'est au milieu de ces polypiers de coraux que s'engagea pour n'en plus sortir le navire du malheureux Lapeyrouse, dont l'infortuné Dumont d'Urville nous a rapporté les débris avant d'expirer lui-même d'une mort non moins déplorable. (V. *Mollusques*.)

PONTS. L'un des ponts les plus étonnants, aujourd'hui détruit, est celui que Trajan avait fait construire sur le Danube par Apollodore : il avait une demi-lieue de long, 150 pieds de haut, et se composait de vingt-trois arches, dont les piles étaient formées de pierres de 40 pieds de long : ce fut l'empereur Adrien qui ordonna la destruction de ce monument, destiné à braver les flots du Danube et les atteintes des siècles. Les plus renommés aujourd'hui sont : le pont du Gard, à 2 lieues de Nîmes, le pont de Westminster, à Londres, celui d'Alcantara, en Espagne, et celui sous la Tamise, ou *tunnel* de Londres, de 1,300 pieds de long, 300 pieds de plus que la largeur du fleuve, ouvrage si remarquable d'un ingénieur français, terminé il y a quelques années après de grandes vicissitudes et une foule d'obstacles vaincus, et sur lequel, au-dessous du lit du fleuve, passent les voitures et les piétons.

PORTES. On peut présenter à l'admiration comme une des plus merveilleuses exécutions de l'art moderne les trois portes de bronze du baptistère de la cathédrale de Florence, que Michel-Ange trouvait dignes de servir d'entrée au Paradis même, et celles de la Madeleine de Paris, qu'un peu de zèle artistique et pieux devrait dégager, comme tous les monuments dignes de ce nom, de la poussière qui les rouille et les ronge.

PYRAMIDES (d'Égypte), l'une des *sept* prétendues merveilles du monde. Celles de Djiséh sont encore debout, quoique dans un état avancé de dégradation. Ce sont des assises de pierre superposées qui diminuent de largeur du bas au sommet, de telle sorte que la grande pyramide, par exemple, qui a 728 pieds de largeur à sa base, n'a pourtant pas une hauteur proportionnelle à une pareille dimension : elle ne s'élève pas au-dessus du sol à plus de 448 pieds. Diodore de Sicile et Pline affirment qu'elle coûta vingt ans de travail à trois cent soixante mille ouvriers. Les pyramides étaient destinées à devenir les tombeaux des Pharaons qui les érigeaient. La distance et leur antiquité (trois mille ans) leur ont donné une importance exagérée : elles sont moins une œuvre de goût que de patience. —« Du haut de ces py- « ramides quarante siècles vous contemplent ! » (BONAPARTE, à son armée d'Égypte.)—Jéhu fit dresser à la porte de son palais deux pyramides faites avec les têtes des soixante-dix fils ou petits-fils d'Achab ; —mais il fut longuement distancé par le terrible Timour (Tamerlan), qui, après le sac d'Ispahan, en fit élever une seule composée de soixante-dix mille têtes des vaincus, nombre consacré par l'islamisme.

R.

RAYONNEMENT. On appelle ainsi en physique la dispersion du calorique contenu dans un corps, dispersion qui s'effectue suivant une loi semblable à celle qui régit le fluide lumineux. Cette loi a donné naissance aux plus curieuses observations : la rosée dont les plantes se chargent pendant la nuit est en partie causée par le rayonnement. Il peut en résulter, sous l'empire de certaines circonstances, un tel abaissement de la température des corps qu'aux Indes on se procure de la glace en exposant, la nuit, sur un lit de paille ou de maïs, de larges vases de terre peu profonds et remplis d'eau : le ciel étant serein et l'air calme, cette eau se gèle par l'effet du rayonnement nocturne.

RÉFRACTION. La réfraction est une déviation des rayons lumineux de leur direction naturelle, lorsqu'ils passent d'un milieu dans un autre milieu plus ou moins dense, tel que l'air, l'eau, la terre, etc. — Un milieu est un corps fluide ou solide à travers lequel passent les rayons. — Les plus remarquables phénomènes opérés par la réfraction sont le *spectre du mont Brocken* (Hanovre), la Fée Morgane dans le détroit de Messine, et le mirage sur l'Océan et dans les déserts. — Le *spectre du Brocken :* Plusieurs voyageurs qui ont gravi le mont Brocken ont aperçu, après le lever du soleil, en face d'eux, à une distance considérable, une statue d'homme plus que colossale qui, se doublant si un second voyageur survenait, se multipliant s'il en survenait plusieurs, levant le bras si l'observateur l'avait levé, rendant le salut le chapeau à la main si l'observateur avait salué, traduisait, en un mot, tous les mouvements produits en face de lui. — La *Fée Morgane :* L'illusion d'optique suivante se reproduit souvent dans le phare ou détroit de Messine. Aussitôt que le soleil s'élève au-dessus des montagnes qui sont au delà de Reggio, sur la côte de Naples, et qu'il parvient à former avec l'horizon un angle de 45 degrés, tous les objets qui sont à Reggio se représentent à la surface des ondes et s'y répercutent cent fois comme dans un miroir à facettes : chaque image, entourée d'une auréole des plus brillantes couleurs, est peinte sur chaque flot que le courant emporte, et chacune des parties de ce tableau mouvant, qui se déroule incessamment sous vos yeux pendant toute la durée du phénomène, passe et disparaî-

chassée par la brillante image qui la suit. Le peuple de Messine a donné à ce phénomène le nom de *Fée Morgane*, parce qu'il fut d'abord attribué aux fées ainsi que les autres apparitions. (V. *Mirage.*)

RUINES. Les plus gigantesques et les plus merveilleuses ruines de l'antiquité sont celles d'Athènes, de Rome, de Thèbes, de Palmyre, de Balbec, de Babylone, de Persépolis et de Jérusalem.

S.

SERPENT. « Il sait, dit Châteaubriand, ainsi qu'un homme souillé de meurtre, jeter à l'écart sa robe tachée de sang dans la crainte d'être reconnu. Par une étrange faculté, il peut faire rentrer dans son sein les petits monstres que l'amour en a fait sortir. Il sommeille des mois entiers, fréquente les tombeaux, habite les lieux inconnus, compose des poisons qui glacent, brûlent ou tachent le corps de sa victime des couleurs dont il est lui-même marqué : là il lève deux têtes menaçantes, ici il fait entendre une sonnette; il siffle comme un aigle de montagne, mugit comme un taureau... Ses regards enchantent les oiseaux dans les airs, et, sous la fougère de la crèche, la brebis lui abandonne son lait. »

SOLEIL. Suivant l'opinion la plus répandue, le soleil est un corps sphérique dont le noyau solide mais obscur est environné d'une enveloppe lumineuse ou photosphère. C'est par le déchirement de cette sorte d'atmosphère qu'on explique les taches noires que présente le disque solaire, et qui reparaissent à des intervalles irréguliers.— Tant qu'on a supposé que le soleil était de la matière incandescente, il n'était pas possible d'admettre qu'il fût habité; mais aujourd'hui l'existence d'êtres organisés dans le soleil n'est plus inconciliable avec la constitution physique de l'astre : toutefois les hommes ne pourraient y vivre parce qu'ils y seraient écrasés par leur propre poids, devenu *vingt-huit* fois plus considérable qu'il n'est sur la terre, dont le soleil est éloigné d'environ 34,600,000 lieues. Le soleil est le centre de notre système planétaire, et autour de lui, par un double mouvement de rotation sur elles-mêmes et de translation, gravitent toutes les planètes. (V. *Attraction universelle* et *Planètes.*) — Le soleil est, en nombre rond, 1,300,000 fois plus gros que la terre.

SON. Le son ne peut être produit et se propager que dans un milieu pondérable. Les liquides transmettent parfaitement le son : les plongeurs entendent très-bien ce que l'on dit sur le rivage. Un concert sur l'eau s'entend à une plus grande distance que sur la terre. Les corps solides sont aussi excellents conducteurs du son. Appliquez l'oreille à l'extrémité d'une poutre de sapin de 20 à 25 centimètres de long, vous entendrez le bruit qu'aura produit à l'autre extrémité un léger coup frappé avec une épingle. — Le son parcourt environ 337 mètres par seconde à une température de 10 degrés. Voici par quelle expérience fut déterminée la vitesse du son : Des observateurs se placèrent pendant la nuit, les uns à Montmartre, les autres à Montlhéri, dont la distance avait été rigoureusement calculée en ligne droite. Un coup de canon fut tiré à l'un des deux points, et à l'autre point on compta le temps qui dut s'écouler entre l'apparition de la lumière et la perception du son. La distance fut divisée par le nombre trouvé en secondes, et l'on eut ainsi l'espace parcouru en une seconde. —Tous les sons se propagent avec une même vitesse, mais cette vitesse varie selon les substances que le son traverse : si le son se propage quatre fois et demie plus vite dans l'eau que dans l'air, les métaux le propagent avec une vitesse plus grande encore. A cent kilomètres de distance, en appliquant l'oreille à terre, on peut distinguer le bruit du canon, qui dans l'air ne serait pas même soupçonné.

SOURCES. A un mille de Wigan, ville du comté de Lancastre, il existe une source dont l'approche d'une chandelle allumée suffit pour enflammer les eaux. Dans les Açores, au Japon, en Islande et généralement dans les lieux voisins de mines de houille et de volcans, on trouve des sources dont les eaux sortent de terre toutes brûlantes, imprégnées de soufre, de bitume, et quelquefois avec un bruit semblable à celui de cent soufflets de forge, produit par le jaillissement des vapeurs sulfureuses, au-dessus desquelles il suffit aux habitants de suspendre les vases de terre pour faire cuire leurs aliments.

SPECTRE SOLAIRE. Le spectre solaire est l'image allongée formée sur un écran par un faisceau de lumière solaire qui traverse un prisme. Cette image est partagée dans sa largeur en bandes colorées : on y distingue sept couleurs primitives, rangées dans l'ordre suivant, à partir du bas, ordre qui forme un vers alexandrin :

Violet, indigo, bleu, vert, jaune, orangé, rouge.

Il résulte de cette décomposition que les rayons de couleur différente sont inégalement réfrangibles : le violet est le plus réfrangible, le rouge l'est le moins On peut recomposer la lumière blanche avec les sept couleurs du spectre, soit en ramenant les divers rayons dans des directions parallèles, soit en les faisant concourir au même point.

SPHINX. A une distance peu considérable de la grande pyramide dont nous avons donné la description au mot *Pyramide*, le plus colossal de tous les sphinx africains se trouve encore à demi enterré dans les sables. Il fut pris et taillé dans un bloc unique : un petit temple étai pratiqué dans son intérieur, et les yeux seuls de cette figure fantastique, à tête de femme et à corps de lion, ont *six pieds* de largeur.

STALACTITES. Terme de minéralogie, désignant certaines concrétions naturelles suspendues aux voûtes des grottes souterraines, dans les galeries des mines et les fissures des roches calcaires. La formation des stalactites résulte de l'infiltration d'un liquide chargé de molécules pierreuses ou métalliques; elles abondent dans les terrains calcaires, aussi le carbonate de chaux est-il en général la matière qui les compose; cependant on en rencontre aussi qui sont dues à des concrétions de matières siliceuses, d'oxide de fer, d'oxide de manganèse, etc. Le cône ou le cylindre sont les formes qu'elles affectent, et ces cônes ou cylindres sont tantôt creux, tantôt pleins à l'intérieur; leur surface est ou lisse et presque polie, ou hérissée d'aspérités cristallines : ce sont des formes accidentelles qui dépendent du mouvement vertical et plus ou moins lent imprimé au liquide qui a déposé les particules minérales qu'il tenait en dissolution. Souvent les gouttes qui tombent sur le sol. du haut des cavités souterraines, y forment d'autres dépôts qui bientôt s'accroissant vont joindre les stalactites suspendues à la voûte. De cette réunion naissent d'énormes colonnes irrégulières qui prennent le nom de *stalagmites*. On en voit de semblables en France dans les grottes d'Auxelles et d'Arcy (Yonne); mais de toutes les grottes de ce genre la plus remarquable est celle d'Antiparos dans l'Archipel.

STATUES. Celle de Jupiter Olympien, l'une des *sept* merveilles du monde païen, chef-d'œuvre de Phidias, avait 60 pieds de hauteur et représentait assis sur son trône le maître des dieux, dont la tête était d'or. — Il exécuta aussi, pour le temple de Minerve, la statue de cette déesse toute en ivoire, de 36 pieds de hauteur, portant dans sa main une Victoire haute de 5 pieds, et elle était rehaussée par une écharpe d'or massif d'une valeur de 2 millions. —Celles de Praxitèle, et notamment son *Satyre*, son *Cupidon* et sa *Vénus*, étaient d'une perfection telle qu'on les croyait animées. —La Vénus de Scopas rivalisait avec cette dernière, et même, a-t-on dit, la surpassait en perfection. —Celle de Memnon, à l'orient de Thèbes, représente un homme assis, qui debout aurait 50 pieds de hauteur. Quant à la propriété que l'antiquité crédule lui avait reconnue de rendre des sons harmonieux quand elle était frappée par les rayons du soleil, c'est tout simplement une légende accréditée par la superstition. — Les chefs-d'œuvre de la statuaire moderne ne le cèdent en rien à ceux de l'antiquité.

T.

TÉLESCOPE. Le grand télescope d'Herschel a 39 pieds 4 pouces anglais de longueur; son diamètre est de 4 pieds 10 pouces. Le tube dont il se compose est en fer. La concavité du grand miroir qui est placé au fond du tube a 4 pieds de diamètre, 3 pouces 1/2 d'épaisseur et 2,000 livres de poids : une lentille placée à l'extrémité supérieure réfléchit les rayons venant de l'objet, auquel tourne le dos l'observateur qui regarde par la lentille. L'instrument repose sur une espèce d'échafaudage muni de poulies destinées à abaisser ou à élever son orifice supérieur. C'est avec ce télescope, qui grossit, assure-t-on, six mille fois les objets, que ce grand observateur a fait les merveilleuses découvertes qui le placent à côté des Newton, des Galilée et des Kepler. (*Voir* les mots *Lunettes* et *Télescopes* dans notre *Dictionnaire des Découvertes et Inventions* qui fait partie de la *Bibliothèque pour tout le monde*.)

TEMPLES. Le Parthénon d'Athènes, ou temple de Minerve, était le modèle achevé de l'élégance et de la noblesse dans le plan, de la plus grande solidité unie à la plus grande richesse dans les matériaux. — Celui d'Olympie, qui renfermait la statue du Jupiter Olympien de Phidias, était entouré de magnifiques colonnes de marbre imitant celui de Paros; — mais il était loin d'égaler celui d'Éphèse, l'une des *sept* merveilles du monde; il avait 425 pieds de long sur 220 de large, et cent vingt-sept colonnes d'ordre ionique supportaient sa voûte, élevée à 60 pieds au-dessus du sol. On mit deux cent vingt ans à l'édifier et quatre cents ans à l'embellir. Il était consacré à Diane et fut incendié par un fou du nom d'Erostrate, qui crut par là immortaliser son nom, et en effet ce nom est devenu immortel. — Le Panthéon passe pour le chef-d'œuvre de tous les temples de Rome, et celui de l'architecture romaine. — Le temple de Salomon, à Jérusalem, dut sa construction préparatoire pendant sept années à quatre-vingt mille ouvriers employés à tailler les pierres, à soixante-dix mille occupés à transporter les matériaux, et à trois mille trois cents intendants chargés de la surveillance et de la direction.

TERRE. La terre est une planète sphéroïdale aplatie à ses pôles, dont le rayon est de 1,600 lieues de 4,000 mètres; son poids, par rapport au soleil, déterminé mathématiquement, est trois cent cinquante-cinq mille fois moindre; en sorte que, s'il était possible de mettre le soleil dans l'un des plateaux d'une balance, il faudrait, pour obtenir l'équilibre, mettre dans l'autre trois cent cinquante-cinq mille terres. Elle tourne autour du soleil, bien qu'avant Copernic et Galilée on eût argumenté de sa masse même pour prouver qu'elle ne devait pas tourner, et elle accomplit cette révolution en trois cent soixante-cinq jours un quart : sa révolution sur elle-même ou sur son axe se fait en vingt-quatre heures; son diamètre moyen est de 3,266 lieues 63, et celui de son orbite est de 76,000,000 de lieues. Quoiqu'elle se meuve dans l'écliptique avec une vitesse de 7 lieues par seconde, son mouvement est presque moitié moins rapide que celui de Mercure En résumé, la terre n'est qu'une petite planète de notre système solaire, et elle obéit comme toutes les autres aux lois de l'attraction universelle. (V. *Attraction universelle* et *Planètes*.)

TOMBEAU. Le tombeau de Mausole était l'une des *sept* prétendues merveilles du monde. Ce monument de la douleur d'Artémise fut construit par les plus célèbres architectes de l'époque. Scopas, Timothée, Léocharès et Bruxis érigèrent les quatre façades; Pythis éleva la majestueuse pyramide qui couronnait l'édifice, et sur laquelle il plaça un char de marbre attelé de quatre chevaux. — Le tombeau de Mahomet, dans la mosquée de Médine, est, dit une légende, suspendu en l'air au-dessus de la tête des croyants, tenu ainsi en équilibre au moyen de l'attraction simultanée et d'égale puissance de deux énormes pierres d'aimant scellées de chaque côté de la muraille du temple.

TORPILLES. Les torpilles sont pourvues d'un appareil composé de nombreux tuyaux verticaux et anguleux situés entre les pectorales, la tête et les branchies, dont la propriété électrique est tellement forte qu'elle donne à ceux qui touchent ce poisson une commotion capable d'engourdir; c'est là leur arme offensive et défensive. — La commotion électrique des gymnotes ou *poissons électriques* des eaux douces de la Colombie (Brésil) est telle, disent les voyageurs, qu'elle abat un homme d'un coup et même un cheval.

TOURS. Les tours les plus renommées sont celle des *Asinelli*, la tour *Penchée* de Pise, en Italie, la *Giralda* de Séville et la tour fameuse de *Kiang-Ning*, en Chine, revêtue extérieurement de porcelaine à chacun de ses neuf étages, séparés par autant de toits saillants à huit côtés. A chacun de leurs angles pend une clochette de cuivre. A l'intérieur tous les plafonds sont ornés de peintures et les murs décorés de statues dorées. Chaque étage, du reste, a une idole particulière.

TREMBLEMENTS DE TERRE. Ils s'annoncent comme les éruptions de volcans, par des détonations, par des mugissements souterrains : le bruit effrayant qu'on entend sous le sol ébranlé confirme l'opinion qui attribue ce terrible phénomène à l'effort, à l'antagonisme des fluides électriques. L'*Histoire naturelle* de Pline fait mention de l'engloutissement de treize villes de l'Asie Mineure dans la terre entr'ouverte par un des plus épouvantables tremblements. A trois cents ans de distance, sous Trajan et sous Justinien, Antioche fut deux fois détruite de fond en comble ; soixante ans plus tard, elle le fut une troisième fois, et chacun de ces trois tremblements de terre ensevelit 40, 50 et 60,000 habitants sous les ruines de cette malheureuse cité. Nous avons vu, au mot *Colosse*, que ce fut un tremblement de terre qui renversa le colosse de Rhodes, l'une des *sept* merveilles du monde. Mais les trois plus modernes, les trois plus terribles et certainement les plus mémorables furent 1° celui qui anéantit Lisbonne en 1755, 2° celui qui, en 1783, désola les deux Calabres et une partie de la Sicile, 3° enfin celui qui, le 8 février 1843, détruisit la ville de la Pointe-à-Pître (Guadeloupe), et en même temps Méquinez, Fez et Oran (en Afrique).

TROMBES. La transformation d'un orage en trombe est curieuse: deux orages en présence, l'un supérieur et l'autre inférieur, ont leurs nuages chargés de la même électricité; le premier repoussant l'autre vers la terre, les nuages en tête du second s'abaissent et communiquent au sol par des tourbillons de poussière et par les arbres. Cette communication une fois établie, le bruit du tonnerre cesse aussitôt, comme par un temps d'arrêt. Les décharges ont lieu par le conducteur formé des nuages abaissés et des arbres de la plaine : ces arbres traversés par l'électricité ont leur température tellement élevée, qu'en un instant toute la sève est réduite en vapeurs. Une attraction prodigieuse a lieu : tous les corps légers s'élancent vers les pointes des nuages, un roulement continuel s'y fait entendre. On a vu des étincelles, des flammes, des boules de feu accompagner ce terrible météore, qui s'avance et renverse tout sur son passage; sa puissance est quelquefois telle que des arbres de plus d'un mètre de circonférence sont transportés à plusieurs centaines de mètres du lieu où ils ont été déracinés; des tuiles, des briques, des pierres emportées par le tourbillon ont été lancées à plus de 500 mètres, et jusqu'à de lourds morceaux de fer ont été trouvés à cette distance, portés là par l'ouragan. Les pigeons des colombiers, les poissons des étangs qui se trouvent dans le rayon parcouru par la trombe sont presque tous tués, et l'influence de cette convulsion de la nature est telle sur l'organisation des animaux qu'on a vu des lapins, des lièvres, frappés de stupeur, s'approcher des maisons d'habitation et s'y mettre à l'abri à côté des chiens, aussi terrifiés qu'eux-mêmes.

V.

VALLÉE (EMPOISONNÉE). Elle est située à Java et se nomme Grevo-Oupas. Voici la description qu'en fait un voyageur : « En nous approchant de cette vallée, nous éprouvâmes de fortes nausées, une sorte d'étouffement, et nous sentîmes une odeur suffocante; mais, à mesure que nous atteignions ses limites, ces symptômes se dissipèrent et nous pûmes examiner à notre aise le spectacle qui se déroula devant nos yeux. La vallée peut avoir un mille de circonférence; elle est d'une forme ovale; sa profondeur est de 30 à 35 pieds; le fond en est tout à fait plat, sec, dépourvu de végétation et jonché d'ossements humains et de squelettes de porcs, de sangliers, de cerfs, d'oiseaux, etc., épars au milieu de gros blocs de pierres. On ne remarque aucune vapeur quelconque ni aucune ouverture sur le sol, qui paraît aussi dur et aussi solide que la pierre. Les coteaux escarpés qui environnent cette vallée de désolation sont couverts, depuis le sommet jusque près de leur pied, d'arbres et d'arbrisseaux d'une belle végétation. Avec l'assistance de nos cannes de bambou, nous descendîmes sur les flancs de ces coteaux jusqu'à environ 18 pieds du fond de la vallée. Quand nous fûmes arrivés en cet endroit, nous chassâmes un chien jusqu'au bas du coteau : en moins de 15 secondes il tomba sans mouvement, mais respira encore 18 minutes. Un autre chien, chassé de la même manière, tomba au bout de 10 minutes. Un poulet ne vécut qu'une minute et demie et périt même avant d'avoir atteint le fond. Devant nous se trouvait un squelette humain que j'aurais bien voulu emporter; mais c'eût été une insigne folie que de l'essayer. Les os, dans cette vallée, acquièrent la blancheur et l'apparence de l'ivoire. On pense généralement que ces squelettes humains sont ceux de malfaiteurs ou de rebelles qui, poursuivis sur les chemins, sont venus se réfugier et chercher un abri dans ce lieu, ignorant les effets pernicieux de l'air qu'on y respire. Les montagnes qui avoisinent la vallée sont volcaniques; mais dans la vallée elle-même il n'y a pas la moindre odeur sulfureuse ni aucune apparence d'éruption volcanique à aucune période. »

C'est sans doute à l'émanation de certains gaz délétères, que le sol dégage de son sein, qu'il faut attribuer le triste renom de la *Vallée empoisonnée*. On sait que dans la *Grotte du Chien*, près de Naples, l'acide carbonique produit des effets semblables.

VAPEUR. Quelle reconnaissance ne doit-on pas à celui qui découvrit, qui fit connaître la propriété expansive de la vapeur! (V. notre *Dictionnaire des Découvertes et Inventions*, qui fait partie de la *Bibliothèque pour tout le monde*.) Que d'applications ingénieuses n'en a-t-on pas faites! Dans les manufactures, la vapeur rivalise de puissance avec l'homme; sur les routes, pour le transport des marchandises et des voyageurs, elle rivalise avec les bêtes de trait; sur les mers elle rivalise avec la force du vent, avec la puissance des vagues; partout elle lutte avec succès, partout elle remporte une victoire éclatante. Depuis quelques années surtout, la puissance de la vapeur s'est révélée par des prodiges : elle a mis Liverpool aux portes de Manchester; elle a lié Londres à Birmingham, à Manchester et à Liverpool. Mais son plus beau triomphe c'est d'avoir réduit des deux tiers l'espace qui sépare l'Amérique de l'Europe. Grâce à elle, le nouveau continent n'est plus qu'à *quatorze* jours de distance de l'ancien monde. Deux fois en un mois l'Atlantique est franchi par le même navire, et il faut aujourd'hui moins de temps pour écrire à New-York et en recevoir une réponse qu'il n'en fallait, il y a soixante ans, pour aller de Paris à Marseille et en revenir. C'est par des inventions successives que le génie de l'homme a réalisé de pareilles conquêtes, qui contribuent au bien-être de plusieurs en supprimant la distance et en multipliant les relations commerciales.

VENTS. Dans une masse aussi vaste et aussi mobile que l'atmosphère, les causes d'agitation les plus légères doivent produire, on le conçoit, les plus grandes et les plus durables perturbations : il doit donc fréquemment résulter de pareils effets des petites variations locales qui surviennent dans la température, et il doit en résulter de plus grands et de plus constants sous l'influence plus ou moins énergique exercée par le soleil sur telle ou telle partie de la terre et sur l'atmosphère dans les différentes saisons. Telles sont probablement les causes les plus ordinaires de ces agitations qu'on appelle les *vents*. Les plus remarquables sont ceux qui soufflent régulièrement entre les tropiques et que l'on appelle les *vents alizés* ou *du commerce;* dans les climats tempérés, nous avons ceux que l'on appelle *vents variables*; ceux qui soufflent sur les côtes avec régularité sont connus sous le nom de *brise de terre* et de *brise de mer*.

VERS A SOIE. L'incubation des œufs de vers à soie a lieu indifféremment par la chaleur naturelle ou artificielle; au bout de quelques jours elle produit de petites chenilles noires, presque microscopiques : le ver à soie vient de naître. A peine sorti de l'œuf, il se précipite sur les feuilles de mûrier, et sa vie ne sera plus occupée, pour ainsi dire, qu'à manger. Lorsque le ver à soie a payé le tribut à chacune des quatre maladies auxquelles il est nécessairement condamné et qui coïncident à quatre transformations ou changements de peau, sa couleur est devenue d'un blanc-grisâtre ; à ce moment commence à s'élaborer en lui le suc destiné à fournir la soie. Sa voracité est alors incomparable, les feuilles de mûrier disparaissent avec une rapidité étonnante sous le travail accéléré de ses petites mâchoires : le bruit qui résulte de cette mastication, lorsque plusieurs milliers d'insectes sont réunis, ressemble à celui d'une forte pluie battante mêlée de grêle. Quand l'élaboration est accomplie dans l'estomac du ver, il devient luisant et ne mange plus ; mais il monte sur les petites branches de genêt ou de bruyère qu'on a disposées à cet effet, y adapte les premiers fils qui doivent soutenir son petit tombeau, et finit, grâce à un travail assidu, par se renfermer dans le cocon, qu'il tapisse incessamment jusqu'à ce que lui-même enseveli devienne complétement invisible. Ce labeur a duré huit jours, au bout desquels s'opère la première métamorphose du ver en chrysalide, suivie de près de la seconde métamorphose. La chrysalide brise le cocon et en sort avec des ailes ; mais c'est un papillon rampant qui n'est plus utile qu'à produire par jaillissement les milliers d'œufs qu'on féconde l'année suivante pour une génération nouvelle.

VERS LUISANTS. Les insectes qui, sous ce nom, ainsi que certaines mouches, jouissent de cette propriété lumineuse, la doivent à une matière phosphorescente placée sous leur ventre et en quelque sorte rétractile. L'aspect nocturne d'une mer embrasée est en partie dû à la phosphorescence d'êtres qui participent des deux natures animale et végétale, et qu'on a classés sous le nom de zoophytes. Mais les vers luisants de l'Europe ne peuvent entrer en comparaison avec les vers luisants ailés des bords du Gange, dont on peut se servir pour écrire et pour lire comme d'une bougie, que les Indiens dans leurs voyages de nuit attachent à chacun de leurs orteils comme deux étoiles pour éclairer leur marche, et qui, parsemant les arbres qui bordent les rives enchantées du fleuve sacré, en font des forêts resplendissantes.—Il n'est pas de spectacle aussi curieux que celui de ces gerbes d'étincelles qui s'élancent de tous côtés pendant les belles nuits d'Italie, lorsque vous secouez un buisson où s'abritent les *lucioles*. Comme cette heureuse espèce de ver luisant a des ailes, on dirait des centaines de petits météores qui tantôt se balancent dans le ciel, tantôt se précipitent comme des étoiles tombantes, ainsi que ces feux follets si bien racontés dans les histoires merveilleuses dont nos nourrices ont bercé notre enfance.

VÉSUVE. (V. *Volcans*.)

VILLES. Celles qui passèrent dans l'antiquité pour renfermer en monuments les plus grandes merveilles de l'art furent Babylone et Thèbes, chacune aux cent portes, Ninive, Memphis, Éphèse, Palmyre, Persépolis ; et parmi les villes modernes aucune ne peut être comparée à Rome ni rivaliser avec Paris.—Hérodote et Diodore de Sicile donnent à l'Egypte, dans l'antiquité, le nombre incroyable de 22,000 villes.

VIS. La vis fameuse qui porte le nom d'Archimède est une spirale creuse où l'eau monte par son propre poids, ou plutôt un tube creux tournant en spirale autour d'un cylindre : l'eau destinée à être élevée ou extraite reçoit l'orifice inférieur du tube ; une manivelle fait tourner le cylindre : l'eau monte dans le tube et jaillit par l'orifice supérieur.

VISION. Les rayons lumineux, après avoir traversé la partie antérieure de l'œil, qui est formée de la cornée transparente et de l'humeur aqueuse, pénètrent dans l'intérieur par la pupille ou prunelle. passent à travers le cristallin, sorte de lentille gélatineuse convexe, et vont peindre au fond du globe, sur la rétine, l'image renversée des objets dont ils émanent. La rétine est un épanouissement du nerf optique qui transmet au cerveau la sensation de l'image. L'œil peut être comparé à la chambre obscure, avec la différence toutefois d'une construction beaucoup plus parfaite et vraiment merveilleuse. (Voy. *Lumière.*)

VOLCANS. La chaleur intérieure du globe et par suite la dilatation extrême des vapeurs que produisent les substances embrasées dont il est formé, et en outre la présence environnante des nitres, des bitumes et des soufres, sont les causes les plus vraisemblables de l'éruption des volcans ; les plus redoutables sont le *Cotopaxi*, dans la Cordillère de Quito, élevé à 3,000 toises au-dessus du niveau de la mer, et dont les flammes s'élevant à plus de 500 toises au-dessus du cratère, s'aperçurent en 1744 à 100 lieues de distance ; — l'immense pyramide de l'*Etna*, dont le cratère, tombeau d'Empédocle, fut visité par Pline et par Spallanzani, et dont la plus violente éruption fut celle de 1665 ; — le *Vésuve* qui tua Pline, qu'avait épargné l'Etna ; le Vésuve qui, depuis l'ensevelissement d'Herculanum et de Pompéia (sous Titus en 79), ne compte pas moins de quarante épouvantables éruptions ; le Vésuve enfin sur les laves et les scories duquel on a audacieusement construit de nouvelles villas et de splendides jardins. — Les habitants de l'Islande, moins insouciants que les Napolitains, ont du moins abandonné à l'*Hécla* toute l'étendue de son sauvage domaine, qu'éclairent sans repos et sans fin les vapeurs enflammées et sulfureuses de son cratère. — Les astronomes et Herschel lui-même ont cru longtemps à l'existence de volcans dans la lune, mais il en est peu aujourd'hui qui aient conservé cette croyance.

TABLE.

FIN DE LA TABLE.

Paris.—Imprimerie Bonaventure et Ducessois, 55, quai des Grands-Augustins.

www.ingramcontent.com/pod-product-compliance
Ingram Content Group UK Ltd.
Pitfield, Milton Keynes, MK11 3LW, UK
UKHW021952260726
13994UKWH00004B/1700